インプレス R&D [NextPublishing]

技術の泉 SERIES
E-Book / Print Book

わたしとぼくの PL/pgSQL

目黒 聖 著

**PostgreSQLでも
ストアド・ファンクション！
マニュアルを読む前に読む本！**

目次

- はじめに 4
- 想定読者 4
- 免責事項 5
- 表記関係について 5
- 底本について 5

第1章　はじめてのPL/pgSQL 7
- 1.1　PL/pgSQLの概要 7
- 1.2　使用できるようにしてみましょう 7
- 1.3　はじめての「Hello PL/pgSQL」 8

第2章　PL/pgSQLの基礎 10
- 2.1　PL/pgSQLの利点 10
  - 2.1.1　手続き処理が実行できる 10
  - 2.1.2　移植性に優れている 10
  - 2.1.3　パフォーマンスに優れている場合がある 10
- 2.2　無名コードブロック 10
- 2.3　CREATE FUNCTION 11
  - 2.3.1　CREATE OR REPLACE FUNCTION 13
  - 2.3.2　name 13
  - 2.3.3　argname 13
  - 2.3.4　argtype 13
  - 2.3.5　RETURNS rettype 14
  - 2.3.6　関数本文 14
  - 2.3.7　LANGUAGE lang_name 14
- 2.4　DROP FUNCTION 14
- 2.5　PL/pgSQLの構造 15
  - 2.5.1　PL/pgSQLのブロック構造 15
  - 2.5.2　副ブロック 16
- 2.6　文末にセミコロン 17
- 2.7　コメント 18
- 2.8　RAISE文 18

第3章　変数 20
- 3.1　変数の定義方法 20
  - 3.1.1　宣言部での定義 20
  - 3.1.2　NOT NULL・デフォルト値 20
  - 3.1.3　引数から変数を定義 21
- 3.2　変数の代入方法 22

3.3　変数のデータ型 ………………………………………………………………………… 22
　3.4　%TYPE、%ROWTYPE …………………………………………………………… 24
　3.5　定数 ……………………………………………………………………………………… 25

第4章　制御構造 …………………………………………………………………………………… 27
　4.1　条件分岐 ………………………………………………………………………………… 27
　　4.1.1　IF文 ……………………………………………………………………………… 27
　　4.1.2　CASE文 ………………………………………………………………………… 28
　4.2　反復処理 ………………………………………………………………………………… 30
　　4.2.1　単純なLOOP …………………………………………………………………… 30
　　4.2.2　WHILE LOOP文 ……………………………………………………………… 31
　　4.2.3　整数FORループ ……………………………………………………………… 32
　4.3　順序制御 ………………………………………………………………………………… 33
　　4.3.1　CONTINUEとラベル ………………………………………………………… 33

第5章　テーブルからデータを取り出す ……………………………………………………… 38
　5.1　SELECT INTO ………………………………………………………………………… 38
　5.2　カーソル ………………………………………………………………………………… 39
　　5.2.1　基本的なカーソルの使用方法 ………………………………………………… 39
　　5.2.2　条件付きカーソル ……………………………………………………………… 41
　　5.2.3　レコード型と組み合わせる …………………………………………………… 41
　　5.2.4　WHERE CURRENT OF ……………………………………………………… 42
　　5.2.5　FORループの使用 ……………………………………………………………… 44

第6章　例外処理 …………………………………………………………………………………… 46
　6.1　例外の発生 ……………………………………………………………………………… 46
　6.2　例外の捕捉 ……………………………………………………………………………… 47
　6.3　例外の種類 ……………………………………………………………………………… 48
　6.4　例外情報の取得 ………………………………………………………………………… 49
　　6.4.1　SQLSTATE ……………………………………………………………………… 49
　　6.4.2　SQLERRM ……………………………………………………………………… 50
　6.5　独自の例外？ …………………………………………………………………………… 51
　6.6　ロールバック …………………………………………………………………………… 52

付録A　ストアド・プロシージャ ……………………………………………………………… 54
　A.1　ストアド・プロシージャの作り方 ………………………………………………… 54
　A.2　CALL …………………………………………………………………………………… 55
　A.3　トランザクション管理 ……………………………………………………………… 55
　　A.3.1　トランザクション管理の制限 ………………………………………………… 56

あとがき ………………………………………………………………………………………………… 61

はじめに

　本書は、PostgreSQLでストアド・ファンクションを作成するための言語である「PL/pgSQL」の基本的な文法を解説したものです。
　OracleのPL/SQLを専門に解説した市販の技術書は存在しますが、同種の言語であるPL/pgSQLを専門に扱っているものはほとんどありません。もっぱらPostgreSQLの解説書のおまけのような1項目として扱われることが多いのが現状です。（そもそもPostgreSQLの書籍がOracleやMySQLに比べて少ないのですが……。）
　現状、PL/pgSQLについて十分な知識を得たいのであれば、公式マニュアルにあたるしかないのが現状です。
　公式マニュアルは構文などは充実しており、十分なスキルを持った人であればそれで十分です。しかし、「とりあえずどう書いたら動くものができるのか？」という点で、PL/pgSQL初心者には少々使いにくくなっています。
　本書は、これからPL/pgSQLを使ってみようという人が「マニュアルを読む前に読んでみる本」として構成しています。
　そのため、公式マニュアルとは記載の順序を変えたり、内容を省いているところもあります。本書を読み終わったあとマニュアルを読めば、「ここはこういう記述方法もあるのか」「こんな機能もあるのか」と、より理解が深まるでしょう。

> 　筆者が本書を書こうと思ったきっかけは、Oracleを使用している方と話したときに、「PostgreSQLにもOracleのPL/SQLと似たようなPL/pgSQLというものがある」「PostgreSQLでもストアド・ファンクションのようなことができるんですね」といわれたことです。
> 　自分はPostgreSQLをよく使用しているからPL/pgSQLを知っているが、もしかしてPostgreSQLを知らない人は知らないのだろうか。それならば、PostgreSQLでもストアド・ファンクションが使用できること、そしてその文法も広めたほうがいいのではないか。と思い立ちました。

想定読者

　本書は次のような読者を想定しています。
・LinuxでPostgreSQLの操作がある程度できる
　　――PostgreSQLのコマンドの細かい説明は省略しています。「LinuxでPostgreSQLを使っているけど、PL/pgSQLは書いたことないから興味がある」という方がターゲットです。
・プログラミングの経験がある
　　――たとえば「変数とは何か」「引数、戻り値とは何か」のような、プログラム経験者であれば知っていて当然と思われる内容は説明していません。
・SQLを書いた経験がある
　　――SELECT文やINSERT文の文法や意味など、個別のSQLの内容は説明していません。普通のSQLに慣れた人が次のステップアップでストアド・ファンクションを学ぶ際の第一歩として

　　　　　読むことを想定しています。
・PL/pgSQLはあまり詳しくない
　　　—すでにバリバリPL/pgSQLでユーザー定義関数を書いている方には退屈な内容かもしれません。

なお、本書ではLinuxでPostgreSQL 9.6以降を操作することを前提としています。本書執筆時点の最新バージョンはPostgeSQL 11ですが、9.6で動くものが11では動かないということはありません。本書で説明する基本的な部分は変わっていませんので、問題ないと思われます。

免責事項

　本書に記載された内容は、情報の提供のみを目的としています。したがって、本書を用いた開発、製作、運用は、必ずご自身の責任と判断によって行ってください。これらの情報による開発、製作、運用の結果について、著者はいかなる責任も負いません。

表記関係について

　本書に記載されている会社名、製品名などは、一般に各社の登録商標または商標、商品名です。会社名、製品名については、本文中では©、®、™マークなどは表示していません。

底本について

　本書籍は、技術系同人誌即売会「技術書典5」で頒布されたものを底本としています。

第1章　はじめてのPL/pgSQL

ここではPL/pgSQLの学習を始める前に、どういう雰囲気のものか、実際に使用してみましょう。

1.1　PL/pgSQLの概要

PL/pgSQLについて最も詳しいものは、やはり何と言ってもPostgreSQLのマニュアルです。言ってしまえば、マニュアルを読めばPL/pgSQLについてもほぼ全ての機能が使えるはずです。

本来ならばPL/pgSQLの勉強にはマニュアルを読むのが一番ですが、本書はマニュアルを読む前に読む本、という位置づけですのでマニュアルの参照は最小限にとどめます。

では、PL/pgSQLについて、PostgreSQL 9.6のマニュアル[1]から引用してみます。

> PL/pgSQLは、PostgreSQLデータベースシステム用の読み込み可能な手続き言語です。PL/pgSQLの設計目的は、次のような読み込み可能な手続き言語でした。
> ・関数とトリガプロシージャを作成するために使用できること
> ・SQL言語に制御構造を追加すること
> ・複雑な演算が可能であること
> ・全てのユーザー定義型、関数、演算子を継承すること
> ・サーバによって信頼できるものと定義できること
> ・使いやすいこと
> PL/pgSQLで作成した関数は、組み込み関数が使えるところであれば、どこでも使用できます。例えば、複雑な条件のある演算処理関数の作成が可能ですし、作成した関数を使用して演算子を定義することも、インデックス式にその関数を使用することも可能です。

SQLがどのようなものかはおそらく皆さんご存知だと思います。基本的には1行で完結するので、なかなか手続き的なプログラムを書くのは難しい言語です。そのSQLに手続き的な処理を可能にさせるための言語が、このPL/pgSQLです。「PL/pgSQL」の「**PL**」とは「**Procedural Language**」つまり「**手続き型言語**」の頭文字なのです。

1.2　使用できるようにしてみましょう

PostgreSQL 9.0以降ではPL/pgSQLはデフォルトでインストールされます。何もする必要はなく、すぐに使用可能です。本書では9.6以降をターゲットとしているので問題ないでしょう。

また、新規にPostgreSQLをインストールする場合、今8.4以前のバージョンを使用する意味もあ

1.https://www.postgresql.jp/document/9.6/html/plpgsql-overview.html

りませんので普通は使用可能です[2]。

PL/pgSQLを使用可能か確認するSQLの練習も兼ねて、実行してみましょう。次のSQLで確認ができます。

```
postgres=# select lanname from pg_language where lanname='plpgsql';
 lanname
---------
 plpgsql
(1 row)
```

plpgsqlが表示されれば使用可能です。もしもなければ次のコマンドを実行してください。

```
$ createlang -h [接続先ホスト] -d [データベース名] -U [接続ユーザー] plpgsql
```

1.3 はじめての「Hello PL/pgSQL」

では、早速PL/pgSQLを動かしてみましょう。まずはプログラミングの定番、「Hello World」をもじって「Hello PL/pgSQL」と表示してみましょう。

何も考えずに、psqlでPostgreSQLにログインし、リスト1.1をそのまま実行してみてください。

リスト1.1: はじめてのHello PL/pgSQL

```
DO LANGUAGE plpgsql $$
    BEGIN
        RAISE NOTICE 'Hello PL/pgSQL';
    END;
$$;
```

問題なく実行できれば、次のように表示されるはずです。

```
postgres=# DO LANGUAGE plpgsql $$
postgres$# BEGIN
postgres$# RAISE NOTICE 'Hello PL/pgSQL';
postgres$# END;
postgres$# $$;
NOTICE: Hello PL/pgSQL
DO
postgres=#
```

見事に「Hello PL/pgSQL」と表示されました。

---
[2]. 現在8.4以前のバージョンを使用しているなら、バージョンアップをおすすめします。

詳細は次章以降で説明しますが、これが一番単純なPL/pgSQLの書き方です。当然これよりも様々な要素がありますが、順を追って理解すればそれほど難しくはありません。身につければ非常に便利なPL/pgSQL。その基礎をこれから勉強していきましょう。

第2章 PL/pgSQLの基礎

本章ではPL/pgSQLの利点や基本的な文法について解説します。PL/pgSQLで記述するメリットは何か、PL/pgSQLはどのような特徴があるのかを理解しましょう。

2.1 PL/pgSQLの利点

まずPL/pgSQLの利点を簡単に説明します。通常のSQLとは何が異なるのか、PL/pgSQLを使用することでどのようなメリットが存在するのかを理解することで、PL/pgSQLを使用したほうがいい場合とそうでない場合の判断がつきやすくなります。

2.1.1 手続き処理が実行できる

第1章「はじめてのPL/pgSQL」でも少し記述しましたが、PL/pgSQLでは単純なSQLでは不可能、または記述が煩雑になってしまう複雑な処理を実行できます。例えば「あるデータを検索し、そのデータをもとにレコードを作成し、別テーブルに追加する」というような一連の処理が可能です

2.1.2 移植性に優れている

違うOSでも、PostgreSQLが動く環境であればPL/pgSQLのプログラムを修正することなく実行できます[1]。

2.1.3 パフォーマンスに優れている場合がある

例えば、「あるデータを検索し、そのデータをもとにレコードを作成し、別テーブルに追加する」というような一連の処理をアプリケーションで実行しようとした場合を考えます。

上手くSQLが書けなければ、検索と追加の2回、SQLがアプリケーションからPostgreSQLに送信され、結果も2回返ることになります。これが2回程度では問題ないかもしれませんが、10回、20回とSQLを実行する場合、送受信で使用するネットワークのリソースやDBとの接続のコストが無視できなくなってくるでしょう。

PL/pgSQLの場合、手続き的な処理はすべてPostgreSQL内部で実行され、呼び出すときにはSQLをひとつ実行するだけです。途中の結果を受信する必要もなく、負荷は下がることが予想できます[2]。

2.2 無名コードブロック

PL/pgSQLの利点がわかったところで、基本的なPL/pgSQLの文法の説明に入る前に、「無名コー

---

[1]. もちろん、PostgreSQLから他のDBMSに移行する、という場合には移行先の環境に合わせた修正が必要となります。
[2]. ただし、当然PostgreSQLの処理のオーバーヘッドが増加しますので、すべてをPL/pgSQLにすればよいというものではありません。

ドブロック」について説明します。

無名コードブロックとは、一時的な「名無しの」関数のことです。構文はリスト2.1の通りです。

リスト2.1: 無名コードブロックの構文
```
DO [ LANGUAGE lang_name ] 関数本文
```

「関数本文」には、これから説明するPL/pgSQLの文法に従った関数を記述します。「1.3 はじめての「Hello PL/pgSQL」」で紹介した例文が、無名コードブロックの例です。

PL/pgSQLを使って関数を書く際は無名コードブロックを使用できますが、無名コードブロックで作成した関数はあくまでもその場限りの名無しの関数です。他のセッションはもちろん、同じセッションでも再利用することができません。

さらに、次のような制限が存在します。

・引数が指定できない

・戻り値がない

引数が指定できませんので、動的に変わるパラメータは指定できません。場合によって変わるパラメータが存在するのであれば、無名コードブロックを記述したときに、その場合に応じたパラメータを直接記述する必要があります。

また、戻り値がないため、この関数の結果を他のSQLで使用することができません。

無名コードブロックはこのような制限があるため、使用する場面が限られます。文法を確認するだけなら無名コードブロックでもいいのですが、PL/pgSQLで書いた関数を他のセッションやSQLで再利用する場合はCREATE FUNCTIONというSQLを使用し、関数を作成します。

2.3　CREATE FUNCTION

次に、PL/pgSQLを使用するためには切っても切り離せないCREATE FUNCTIONについて説明します。

マニュアルから抜粋したCREATE FUNCTIONの構文はリスト2.2の通りです。

リスト2.2: CREATE FUNCTIONの構文
```
CREATE [ OR REPLACE ] FUNCTION
    name ( [ [ argmode ] [ argname ] argtype
        [ { DEFAULT | = } default_expr ] [, ...] ] )
    [ RETURNS rettype
      | RETURNS TABLE ( column_name column_type [, ...] ) ]
  { LANGUAGE lang_name
    | TRANSFORM { FOR TYPE type_name } [, ... ]
    | WINDOW
    | IMMUTABLE | STABLE | VOLATILE | [ NOT ] LEAKPROOF
    | CALLED ON NULL INPUT | RETURNS NULL ON NULL INPUT | STRICT
    | [ EXTERNAL ] SECURITY INVOKER | [ EXTERNAL ] SECURITY DEFINER
```

```
    | PARALLEL { UNSAFE | RESTRICTED | SAFE }
    | COST execution_cost
    | ROWS result_rows
    | SET configuration_parameter { TO value | = value | FROM CURRENT }
    | AS 'definition'
    | AS 'obj_file', 'link_symbol'
} ...
    [ WITH ( attribute [, ...] ) ]
```

この構文だけを見ると、とても複雑な構文のように見えますが、よく使用するものだけを抜粋すれば、リスト2.3のようになります。本書ではこの構文の範囲内で説明します。

リスト2.3: CREATE FUNCTIONの構文（抜粋）

```
CREATE OR REPLACE FUNCTION
    name ( [ [ argname ] argtype [, ...] ] )
    RETURNS rettype AS $$
    関数本文
    $$
    LANGUAGE lang_name
```

ではさっそく、CREATE FUNCTIONを使用して関数をひとつ作成してみましょう。

リスト2.4: CREATE FUNCTIONでHello PL/pgSQL

```
CREATE FUNCTION helloplpgsql()
RETURNS text
AS $$
    BEGIN
        RETURN 'Hello PL/pgSQL';
    END;
$$
LANGUAGE plpgsql;
```

問題なく実行できれば、次のように表示されるはずです。

```
postgres=# CREATE FUNCTION helloplpgsql()
postgres-# RETURNS text
postgres-# AS $$
postgres$# BEGIN
postgres$# RETURN 'Hello PL/pgSQL';
postgres$# END;
postgres$# $$
postgres-# LANGUAGE plpgsql;
```

```
CREATE FUNCTION
postgres=#
```

「CREATE FUNCTION」とだけ表示され、「Hello PL/pgSQL」とは表示されません。失敗でしょうか？いいえ、これで正常な動作です。

では、次のSQLを実行してください。

```
postgres=# SELECT helloplpgsql();
 helloplpgsql
---------------
 Hello PL/pgSQL
(1 row)
```

見事に「Hello PL/pgSQL」と表示されました。

実は、CREATE FUNCTIONを使用して作成した関数は、あくまでもSUM関数やMAX関数のようなSQLの関数であり、SQLから呼び出される必要があります。通常は、レコードを変更しないSELECTから呼び出します。

※これはOracleのPL/SQLとは異なる点ですので、PL/SQLを使用していた経験のある方は注意が必要です。

それではリスト2.3で抜粋したCREATE FUNCTIONの構文の各要素を説明します。一度にすべてを覚える必要はありません。今後何度も「CREATE FUNCTION」は使用しますので、そのたびに確認してください。

2.3.1　CREATE OR REPLACE FUNCTION

「CREATE OR REPLACE FUNCTION」は、関数を作成または変更するときに使用するSQLです。「CREATE FUNCTION」に「OR REPLACE」をつけることで、同名で同じ引数、同じ戻り値の関数が存在した場合に、関数の内容を上書きします。そのような関数が存在しない場合は、通常通り関数が作成されます。

2.3.2　name

関数名を指定します。

2.3.3　argname

引数の名前です。PL/pgSQLではこの名前を関数本文で使用することができます。

2.3.4　argtype

引数のデータ型を指定します。

2.3.5 RETURNS rettype

関数の戻り値のデータ型を指定します。具体的にイメージするのが難しいかもしれませんが、関数の結果を何も返す必要が無い場合は「void」を指定します。

2.3.6 関数本文

関数本文を記述します。本書ではここをPL/pgSQLで書くことになります。

関数本文はSQLでいうところの文字列で記述します。つまり、引用符で囲んで書く必要があります。通常のSQLと同様にシングルクォーテーションで囲むことも可能ですが、関数本文にシングルクォーテーションが出てきた場合にはエスケープが必要です。これでは非常に見づらくなりますので、PL/pgSQLでは通常「ドル引用符」を使用して関数本文を記述します。PostgreSQLでは文字列を「**$$**」で囲んで表すことができ、これを「**ドル引用符**」といいます。

2.3.7 LANGUAGE lang_name

関数本文をどのような言語で書いたのかを記述します。本書では「LANGUAGE plpgsql」となります。

引数のモード

引数には次の3種類のモードが存在します。
・IN：呼び出し元から値を受け取る (デフォルト)
・OUT：呼び出し元に値を返す
・INOUT：呼び出し元から値を受け取り、呼び出し元に値を返す

INモードは、呼び出し元から値を受け取る通常の引数です。何も指定しない場合はこのモードになります。わかりにくいのはOUTモードとINOUTモードでしょう。わざわざ引数で戻り値となる変数を宣言するようなもの、と考えればよいでしょう。特にINOUTモードは引数で値を受け取りつつ、その引数を返すというふたつの役割を持っています。「呼び出し元に結果を返すという点において、戻り値と何が異なるのか」というと、実は戻り値で代用できます。本書では引数のモードはすべてデフォルトとし、返す値は戻り値として指定します。

2.4 DROP FUNCTION

CREATE FUNCTIONがあれば、削除するためにDROP FUNCTIONも存在します。

しかし、CREATE FUNCTIONほど覚えることは多くありません。本書の内容では覚えることは次のひとつだけです。

リスト2.5: DROP FUNCTIONの構文（抜粋）
```
DROP FUNCTION 関数名 (引数の型 [, ...])
```

関数名と引数の型はセットで指定してください。なぜならば、同じ関数名で引数が異なる関数というものが存在可能だからです。リスト2.6は同名の関数ですが、引数が異なるためどちらも存在可

能です。逆に、引数の型まで指定しないと関数を一意に特定できず、削除する関数が特定できないということになります。

リスト2.6: 同じ関数名で引数が異なる関数も存在可能
```
CREATE FUNCTION test(integer, varchar) ......;
CREATE FUNCTION test(varchar) ......;
```

CREATE OR REPLACE FUNCTIONがあるので、関数を修正する際に毎回削除して作成する必要はありません。DROP FUNCTIONが必要になると想定される場面は次のふたつです。
- 関数が不要になり、残しておくと誤作動の可能性がある場合
- 戻り値の型を変更したい場合

ひとつ目はわかりやすいでしょう。誰かが勝手にいじってしまったり、事情を知らない人が使ってしまったりして、DBのデータに致命的な障害を与えるかもしれません。

ふたつ目ですが、これは仕様と割り切って、CREATE OR REPLACEでは戻り値の型は変更できない、ということを覚えておいてください。戻り値の型を変更したい場合は一度DROP FUNCTIONで関数を削除してから、再度CREATE FUNCTIONを実行してください。

実は、関数に関するSQLにはもうひとつ、ALTER FUNCTIONというSQLも存在しますが、関数を作成するという観点でこのSQLを実行することはほぼないので、本書では割愛します。

作成した関数はどこへ？

PL/pgSQLを使って複数人で同時に関数を開発していたり、以前作成した関数を修正する場合、どのような関数があり、引数の型はなんであったか正確に覚えていられるでしょうか？また、DROP FUNCTIONで不要になった関数を削除するときに、引数の型を忘れてしまって消せなくなった、ということも起こりえます。

作成した関数はPostgreSQL内に格納されており、「pg_proc」システムビューを参照することで、格納されている関数を確認できます。

「pg_proc」システムビューでは情報が多すぎる場合、psqlの「\df」メタコマンドで関数の名前や戻り値、引数などを確認できます。

2.5 PL/pgSQLの構造

2.5.1 PL/pgSQLのブロック構造

さて、関数本文を記述するのが、本書のテーマであるPL/pgSQLです。PL/pgSQLは、「ブロック構造言語」に分類できます。重要なポイントは次の3つです。
- 4つのキーワード（DECLARE、BEGIN、EXCEPTION、END;）から構成される
- DECLAREからBEGINまでを宣言部、BEGINからEXCEPTIONを実行部、EXCEPTIONからEND;までを例外処理部と呼ぶ
- END;はPL/pgSQLのブロックの終了を意味する

図 2.1: PL/pgSQL の構造

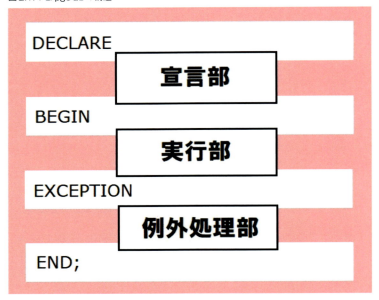

PL/pgSQL のブロックは大きく分けて、宣言部、実行部、例外処理部から構成されており、各部は 4 つのキーワードで分割されています。

各部の概要は次の通りです。

・宣言部には、PL/pgSQL のブロックで使用する変数を宣言する
・実行部では、実際に行う処理を記述する
・例外処理部には、PL/pgSQL のブロックで発生した例外[3]の処理を記述する

では実際に各部がどのように使用されているか見てみましょう。「1.3 はじめての「Hello PL/pgSQL」」で使用した例から PL/pgSQL 部分を抜粋したものをリスト 2.7 に再掲します。

リスト 2.7: はじめての Hello PL/pgSQL

```
BEGIN
    RETURN 'Hello PL/pgSQL';
END;
```

DECLARE と EXCEPTION が存在しないことがわかると思います。しかし、これでも実際に動作することは「1.3 はじめての「Hello PL/pgSQL」」で確認済みです。このように、宣言部と例外処理部は場合によっては不要なことがあり、省略が可能です。しかし、省略する場合は変数が本当に不要か、例外に対して何もしなくてもよいのかをよく検討する必要があります。

2.5.2 副ブロック

図 2.2 のように、ブロックは入れ子状にすることが可能です。これを「副ブロック」といいます。

---

[3] PL/pgSQL でいう「例外」は、「エラー」と同義と考えてよいでしょう。例外の処理については第 6 章「例外処理」で説明します。

論理的なグループ分けや変数を文の小さな集まりに局所化したり、例外発生時の影響を最小限に留めるのに使用できます。

図2.2: PL/pgSQLの副ブロック

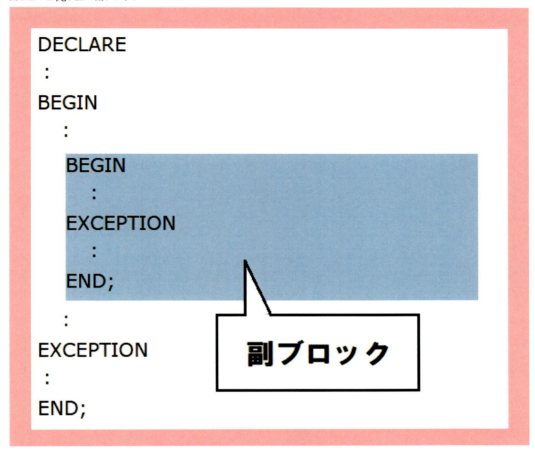

2.6 文末にセミコロン

SQLの終了を表す記号はセミコロンですが、PL/pgSQLでも同じです。文末はセミコロンで終了する必要があります。

リスト2.8: セミコロン

```
CREATE R REPLACE FUNCTION func2_1()
RETURN text AS $$
  BEGIN
    RETURN '文末にはセミコロンが必要です→';
  END;
$$ LANGUAGE plpgsql;
```

しかし、リスト2.8をよく見てください。セミコロンが3箇所出現しています。ひとつ目はRETURN文の文末に。もうひとつはENDの後ろに。最後に、`LANGUAGE plpgsql`の後ろに。

ひとつ目とふたつ目のセミコロンが、PL/pgSQLの文法上必要なセミコロンです。RETURN文の文末はわかりやすいと思いますが、ブロックの開始を表すBEGINの後ろにはセミコロンがなく、ENDの後ろにだけ必要なことにも注意してください。

最後のセミコロンはCREATE FUNCTIONの終わりを表しています。

適切な位置にセミコロンがない場合、次の行に続いているとみなされ、文法エラーでCREATE FUNCTIONがエラーになります。

2.7 コメント

PL/pgSQLも、他のプログラミング言語同様コード中にコメントを入れることができます。コメントを入れるには、通常のSQLと同じ方法で構いません。

二重のダッシュ(-)はその行末までをコメントとする一行コメントを開始します。

リスト2.9: PL/pgSQLの一行コメント

```
CREATE OR REPLACE FUNCTION func2_2()
RETURNS text AS $$
  BEGIN
    -- この行はコメントです。
    RETURN '一行コメントサンプルです。'; -- ここから行末までコメントです。
  END;
$$ LANGUAGE plpgsql;
```

/*はコメントブロックの始まりを意味し、次に*/が現れるまでをコメントとします。

リスト2.10: PL/pgSQLのブロックコメント

```
CREATE OR REPLACE FUNCTION func2_3()
RETURNS text AS $$
  BEGIN
    /* ここからコメントです。
    RETURN 'ここはコメントです。';
    ここまでコメントです。→*/
    RETURN 'ここはコメントではありません。';
  END;
$$ LANGUAGE plpgsql;
```

2.8 RAISE文

OracleのPL/SQLを使用したことがある方は、デバッグやログ取得の目的で

DBMS_OUTPUT.PUT_LINEを使用したことがあると思います。標準出力に任意のメッセージを出力するのに非常に便利な関数ですが、残念ながらPL/pgSQLには同様の機能はありません。

それでもSELECTの結果を返すのではなく標準出力にメッセージを残したい場合、**RAISE**文を代替手段として用いることがあります。

RAISEは本来の用途としては、エラー等があった場合に関数の呼び出し元にメッセージと深刻度レベルを報告するためのものです。そこで、深刻度を低くすることで単にメッセージを標準出力に出力するような使い方ができます。

リスト2.11: RAISE文でメッセージを出力

```
CREATE OR REPLACE FUNCTION func2_4()
RETURNS void AS $$
  BEGIN
    RAISE NOTICE '本書は『わたしとぼくの%』です', 'PL/pgSQL';
    RETURN;
  END;
$$ LANGUAGE plpgsql;
```

```
postgres=# select func2_4();
NOTICE: 本書は『わたしとぼくのPL/pgSQL』です
 func2_4
---------

(1 row)
```

リスト2.11では、RAISEでメッセージを出力しています。「NOTICE」が深刻度レベルの指定で、エラーではなく情報のひとつという意味のレベルです。出力するメッセージに「%」を入れることで、テキストのテンプレートのようなことができます。

RAISEのエラー報告としての使用方法は第6章「例外処理」で説明します。

では、基本的な構造がわかったところで、次章からPL/pgSQLの文法をひとつずつ説明していきます。

第3章　変数

本章では、PL/pgSQLの具体的な記述方法を解説します。まずはどのプログラムでも必ず存在する変数について取り上げます。

3.1 変数の定義方法

変数は、定義しなければ実行部で使用することはできません。前章で説明した「宣言部」で変数を定義します。

リスト3.1: 変数の宣言の構文

```
変数名 [ CONSTANT ] 変数のデータ型 [ NOT NULL ] [ { DEFAULT | := | = } 初期値 ];
```

3.1.1 宣言部での定義

まずはリスト3.2を見てください。

リスト3.2: 宣言部で変数を定義する

```
CREATE OR REPLACE FUNCTION func3_1()
RETURNS integer AS $$
  DECLARE
    var integer;
  BEGIN
    var := 10;
    RETURN var;
  END;
$$ LANGUAGE plpgsql;
```

リスト3.2の関数は、実行すると数字の10を返すだけの関数です。「DECLARE」と「BEGIN」の間の宣言部で「var」という名前でintegerデータ型の変数を宣言しています。「BEGIN」と「END;」の間の実行部で変数varに数字の10を代入し、結果として変数varを返しています。

3.1.2 NOT NULL・デフォルト値

次のリスト3.3はNULLを許可せずデフォルトの値を指定する場合の宣言方法です。

リスト3.3: NULL不許可でデフォルト値を指定する

```
CREATE OR REPLACE FUNCTION func3_2()
RETURNS integer AS $$
  DECLARE
    var integer NOT NULL DEFAULT 2;
    var2 integer NOT NULL := 8;
  BEGIN
    RETURN var + var2;
  END;
$$ LANGUAGE plpgsql;
```

リスト3.3の関数は、実行結果だけ見ればリスト3.2とまったく同じです。

しかし、宣言部で変数名とデータ型だけではなく「NOT NULL」と「DEFAULT」が追加されていますし、var2という変数には宣言部で代入をしています。逆に、実行部では変数varとvar2の合計を返すのみです。宣言部で変数を定義する際に初期値として、varに2、var2に8を設定しているため、合計10が返されるのです。

変数は、宣言した段階では中身はNULLです[1]。つまりNOT NULLを指定した場合は初期値がないとエラーになります。そのため、同時にDEFAULTを指定したり、初期値を代入したりしています。デフォルト値はNOT NULLが存在しなくても必要な場合は任意に設定可能です。

3.1.3　引数から変数を定義

もうひとつ、リスト3.4のような変数の定義方法もあります。

リスト3.4: 引数で変数を定義する

```
CREATE OR REPLACE FUNCTION func3_3(var integer)
RETURNS integer AS $$
  BEGIN
    RETURN var;
  END;
$$ LANGUAGE plpgsql;
```

リスト3.4の関数は、引数に数字を指定して実行してその数字を返すだけの関数です。今度は宣言部が存在しませんが、関数本文でちゃんとvarという変数が使用できています。引数を関数で使用する場合はこのように使用しても問題ありません。

さらに、リスト3.5のような場合はどうなるでしょうか。

リスト3.5: 引数で変数のデータ型のみを定義する

---

[1]「DEFAULT NULL」が省略されていると考えてもいいでしょう。

```
CREATE OR REPLACE FUNCTION func3_4(integer)
RETURNS integer AS $$
  DECLARE
    var ALIAS FOR $1;
  BEGIN
    RETURN var;
  END;
$$ LANGUAGE plpgsql;
```

リスト3.5の関数も、引数で受け取った値をそのまま返す関数です。宣言部の変数varの宣言に、「**ALIAS FOR**」と「**$1**」がある点に注目してください。これは、「1番目の引数の別名としてvarを宣言する」という意味です。引数を指定した場合には引数名を省略できます。その場合、関数本文では指定された引数をこのように使用します。

3.2 変数の代入方法

すでにサンプルにも登場していますが、宣言部で定義した変数に値を代入する「代入演算子（:=）」があります。使用方法はよくあるプログラムの変数の代入と同様に、左辺に変数、右辺に代入したい値を指定します。リスト3.6を見てください。

リスト3.6: 代入演算子による値の代入

```
CREATE OR REPLACE FUNCTION func3_5()
RETURNS integer AS $$
  DECLARE
    var integer DEFAULT 10;
  BEGIN
    var := 20;
    RETURN var;
  END;
$$ LANGUAGE plpgsql;
```

リスト3.6の関数を実行すると、「20」という数字が返ってきます。宣言部では変数varの初期値として「10」を指定していますが、実行部で「20」を代入しているため、変数varを返すと結果は20が返ります。

3.3 変数のデータ型

もう一度、本書で使用する変数CREATE FUNCTIONの構文を見てみましょう。

リスト3.7: CREATE FUNCTIONの構文（抜粋）

```
CREATE OR REPLACE FUNCTION
    name ( [ [ argname ] argtype [, ...] ] )
    RETURNS rettype AS $$
    関数本文
$$
LANGUAGE lang_name
```

リスト3.7の書かれている要素の中で、[]で囲まれているものは、省略可能を意味しています。つまり、次の要素は省略可能ということです。

- 引数を使用しない関数の場合、引数そのものを省略できる
- 引数を宣言する場合、引数の名前は省略できる

では、引数を指定する場合に省略できないものとはなんでしょうか。それは「データ型」です。

多くのRDBMSではデータ型によりデータを保護・管理しています。例えば文字列を期待する列に日付型のデータを入れられないようにRDBMS側で制御しているのですが、それはPostgreSQLでも、PL/pgSQLでも同じです。引数を指定する場合、名前はともかくデータ型は必ず指定されなければなりません。数字を処理する関数の中に文字列を入れてしまうせいでエラーとなってしまうわけにはいかないからです。

このことは引数だけでなく、関数本文で宣言している変数に関しても同じことが言えます。

それでは、PL/pgSQLで使用可能なデータ型はなんでしょうか。よく使用する変数のデータ型を紹介します。

スカラ型

スカラ型とは、文字列や数値などの単純なデータ型です。テーブルを作成するときに指定するような、よく見るデータ型です。これはPostgreSQLで用意されているデータ型であればすべてが使用可能です。

レコード型

通常のSQLでは使用しない、PL/pgSQLで使用する特殊なデータ型です。SELECTした結果などのレコードを保持するデータ型です。

リスト3.8: レコード型変数の宣言方法
```
name RECORD;
```

リスト3.8で分かる通り、宣言の方法はスカラ型変数の宣言方法と同じです。しかし、その使用方法は大きく異なります。スカラ型変数が数字、文字列、日付など、決まった範囲のデータを格納できるのに対し、レコード型変数は宣言した段階では中の構造が定義されません。レコード型変数の使用方法は、第5章「テーブルからデータを取り出す」で説明します。

カーソル変数

これも特殊な変数です。SELECTした結果を全て一度に取得するのではなく、カーソルを設定して

問い合わせの結果を一度に一行ずつ読み取ることができます。カーソル変数の使用方法は、第5章「テーブルからデータを取り出す」で説明します。

3.4 %TYPE、%ROWTYPE

PL/pgSQL内で、テーブルからデータを取得し変数に格納することはよくあることです。その際、データ型を直接指定するのではなく「**%TYPE**」で指定することができます。

リスト3.9: %TYPEで変数を宣言する

```
CREATE TABLE TYPE_SAMPLE (
    user_id numeric,
    user_name text,
    primary key (user_id)
);

CREATE OR REPLACE FUNCTION func3_6()
RETURNS text AS $$
  DECLARE
    name TYPE_SAMPLE.user_name%TYPE;
  BEGIN
    name := 'sample text';
    RETURN name;
  END;
$$ LANGUAGE plpgsql;
```

リスト3.9では、TYPE_SAPMLEというテーブルを作成し、続いてfunc3_6という関数で変数を宣言し、「sample text」という文字列を代入し、それを返しています。

ここで注目すべきは、変数nameの指定方法です。データ型には「**TYPE_SAMPLE.user_name%TYPE**」と指定しています。これは、「TYPE_SAMPLEテーブルのuser_name列と同じデータ型にせよ」という意味です。

このように宣言することで便利な点は、列定義が変更されてもPL/pgSQLの変更を最小限に抑えることができるところです。

例えば、何かよほどの問題がありuser_nameは数字型とするとした場合にも、この関数はRETURNS句を修正して正しいデータ型を返すようにすれば、関数本文の修正は不要となります。

同様のことが、**%ROWTYPE**でも可能です。%ROWTYPEは%TYPEとは異なり、指定したテーブルの列の定義をそのままコピーします。

リスト3.10: %ROWTYPEで変数を宣言する

```
CREATE OR REPLACE FUNCTION var3_7(numeric)
RETURNS text AS $$
  DECLARE
```

```
    id ALIAS FOR $1;
    sample_row TYPE_SAMPLE%ROWTYPE;
  BEGIN
    SELECT * INTO sample_row FROM TYPE_SAMPLE WHERE user_id = id;
    RETURN sample_row.user_name;
  END;
$$ LANGUAGE plpgsql;
```

　リスト3.10は、リスト3.9と似ています。var3_7という関数で、引数で指定された数字をuser_idとしてTYPE_SAMPLEテーブルを検索しています。そしてSELECT INTO文[2]で得られた行をsample_row変数に代入し、そこからuser_name列の値を取得し、それを返しています。取得した行の各列にアクセスするためには、「＜変数名＞.＜列名＞」という書式でアクセスできます。

3.5　定数

　変数の宣言時に**CONSTANT**オプションを指定すると、その変数は「定数」となり、プログラム中で値の変更ができなくなります。

リスト3.11: 定数を宣言する
```
CREATE OR REPLACE FUNCTION func3_8(integer)
RETURNS integer AS $$
  DECLARE
    num ALIAS FOR $1;
    cons_num CONSTANT integer := 5;
    rtn integer;
  BEGIN
    rtn := num * cons_num;
    RETURN rtn;
  END;
$$ LANGUAGE plpgsql;
```

　リスト3.11の変数cons_numが定数です。リスト3.11では、引数に指定した数字と、cons_numを掛けた数を返しています。では、cons_numを変更するようにプログラムを修正してみましょう。

リスト3.12: 宣言した定数を変更する
```
CREATE OR REPLACE FUNCTION func3_9(integer)
RETURNS integer AS $$
  DECLARE
    num ALIAS FOR $1;
```

2.SELECT INTO文については第5章「テーブルからデータを取り出す」で詳しく説明します。

```
    cons_num CONSTANT integer := 5;
    rtn integer;
  BEGIN
    cons_num := 10;
    rtn := num * cons_num;
    RETURN rtn;
  END;
$$ LANGUAGE plpgsql;
```

リスト3.12を実行しようとすると、リスト3.13のエラーが表示され、CREATE FUNCTIONが失敗してしまします。

リスト3.13: 定数変更エラー
```
ERROR:  "cons_num" is declared CONSTANT
LINE 8:     cons_num := 10;
```

これで、変数・定数の基本的な使用方法の説明は終わりました。次章では、プログラムには必須の制御構造について説明します。

第4章 制御構造

本章ではPL/pgSQLの制御構造について、次の3つを解説します。
- 条件分岐
- 反復処理
- 順序制御

制御構造とは、名前は難しいですが、いずれもほぼどんな手続き型プログラミング言語に存在する当たり前の機能ですが、SQL単体でこれらを行うのは困難です。PL/pgSQLではSQLを使用しつつ、これらの機能が利用可能です。

制御構造は変数と同様にプログラミング言語が持つ当然の機能です。つまり、前章の変数と本章の制御構造が理解できれば、大抵のプログラムは書けるようになります。

4.1 条件分岐

4.1.1 IF文

多くのプログラミング言語で条件分岐といえばIF文ですが、それはPL/pgSQLでも同じです。

さっそくPL/pgSQLのIF文を見てみましょう。リスト4.1は、数字を引数に取り、引数の数の大きさによって返すメッセージを変える関数です。

リスト4.1: IF文の例

```
CREATE OR REPLACE FUNCTION func4_1(integer)
RETURNS text AS $$
  DECLARE
    var ALIAS FOR $1;
  BEGIN
    IF var > 10 THEN
        RETURN '指定された値は10以上です。';
    ELSIF var = 10 THEN
        RETURN '指定された値は10ぴったりです。';
    ELSE
        RETURN '指定された値は10未満です。';
    END IF;
  END;
$$ LANGUAGE plpgsql;
```

他のプログラミング言語に慣れた人には、まったく難しい点はないでしょう。気をつける点としては、「;」をつけるのは「END IF」の後、ということでしょうか。

リスト4.2: PL/pgSQLのIF文の構文
```
IF <条件式> THEN
    <処理>
ELSIF <条件式> THEN
    <処理>
ELSE
    <処理>
END IF;
```

「ELSIF〜THEN」や「ELSE」は必須ではありません。ある条件で実行する必要がない場合には、「ELSIF〜THEN」や「ELSE」は記述しないこともあります。ちなみに、「ELSIF」は「**ELSEIF**」と書くことも可能です[1]。

4.1.2　CASE文

正直なところ、IF文さえ書ければ条件分岐に関しては十分です。しかし、稀にCASE文を駆使して条件分岐を書くこともあるので説明します。

CASE文には2種類あり、ひとつ目が「単純なCASE」です。

リスト4.3: 単純なCASE文の構文
```
CASE <評価式>
    WHEN expression [, expression [ ... ]] THEN
        <処理>
  [ WHEN expression [, expression [ ... ]] THEN
        <処理>
    ... ]
  [ ELSE
        <処理> ]
END CASE;
```

単純なCASEでは、評価式が「一度だけ」評価され、その後WHEN句内のそれぞれのexpressionと比較されます。上から順にWHEN句に指定されたexpressionと比較されますが、マッチするものが無かった場合はELSE句に入ります。ELSE句が指定されていなかった場合、CASE_NOT_FOUND例外という例外を発生させます。例外については第6章「例外処理」で説明しますが、基本的にELSE句はつけるものだと思っていてください。

具体例を見てみましょう。リスト4.4は数字を引数に取り、引数の数の大きさによって返すメッセージを変える関数です。

---

1. 完全な余談ですが、プログラミング言語によって「ELSE IF」に相当する部分の書き方が異なるのはなんとかならないのか、といつも思います。

リスト 4.4: 単純な CASE 文の例

```
CREATE OR REPLACE FUNCTION func4_2(integer)
RETURNS text AS $$
  DECLARE
    var ALIAS FOR $1;
  BEGIN
    CASE var
      WHEN 10,11,12,13,14,15,16,17,18,19 THEN
        RETURN '指定された値は10番代です。';
      WHEN 20,21,22,23,24,25,26,27,28,29 THEN
        RETURN '指定された値は20番代です。';
      ELSE
        RETURN '指定された値は10番代でも20番代でもありません。';
    END CASE;
  END;
$$ LANGUAGE plpgsql;
```

　リスト 4.4 を IF 文で書こうとすると、条件式に「var = n OR ...」という文を何個も書かなければいけません。単純な CASE では、ある変数の値を評価する場合に IF 文より書き方がシンプルになるメリットがあります。

　では、もうひとつの CASE 文、「検索付き CASE」はどうでしょうか。これこそ IF 文で十分書ける条件分岐です。

リスト 4.5: 検索付き CASE 文の構文

```
CASE
    WHEN <条件式> THEN
       <処理>
  [ WHEN <条件式> THEN
       <処理>
    ... ]
  [ ELSE
       <処理> ]
END CASE;
```

　検索付き CASE では、上から順番に条件式が評価され、最初に条件が真となった WHEN 句内の処理を実行します。これもすべての条件に当てはまらず、ELSE 句が指定されていなかった場合は CASE_NOT_FOUND 例外という例外を発生させます。IF 文は ELSE 句がなくても問題ありませんでしたが、そこが異なります。

　具体例を見てみましょう。リスト 4.6 は数字を引数に取り、引数の数の大きさによって返すメッセージを変える関数です。リスト 4.1 を CASE 文に直したものです。

リスト 4.6: 検索付き CASE 文の例
```
CREATE OR REPLACE FUNCTION func4_3(integer)
RETURNS text AS $$
  DECLARE
    var ALIAS FOR $1;
  BEGIN
    CASE
      WHEN var > 10 THEN
        RETURN '指定された値は10以上です。';
      WHEN var = 10 THEN
        RETURN '指定された値は10ぴったりです。';
      ELSE
        RETURN '指定された値は10未満です。';
    END CASE;
  END;
$$ LANGUAGE plpgsql;
```

4.2 反復処理

反復処理とは、要するに繰り返しです。条件分岐は SQL だけでも書くことができますが、繰り返し処理を SQL だけで書くのは非常に困難です。

4.2.1 単純な LOOP

単純に繰り返しを行うための構文はリスト 4.7 です。

リスト 4.7: LOOP の構文
```
LOOP
    <処理>
END LOOP;
```

しかしこの構文を使うだけではひたすら処理を繰り返すだけで、終わりがありません。いわゆる無限ループです。

ある条件でループを脱出するため、「EXIT」を使用します。

リスト 4.8: LOOP の構文 2
```
LOOP
    <処理>
    IF <条件式> THEN
        EXIT;
    END IF;
```

```
END LOOP;
```

では、具体例を見てみましょう。リスト4.9は、1 + 2 + 3 + … + nと、1から引数に指定した数までを順に足して、その合計を返す関数です。

リスト4.9: 単純なLOOP文の例

```
CREATE OR REPLACE FUNCTION func4_4(integer)
RETURNS integer AS $$
  DECLARE
    var ALIAS FOR $1;
    num integer := 0;
    gokei integer := 0;
  BEGIN
    LOOP
      num = num + 1;
      gokei = gokei + num;
      IF num = var THEN
        EXIT;
      END IF;
    END LOOP;
    RETURN gokei;
  END;
$$ LANGUAGE plpgsql;
```

繰り返しが行われるたびにnumに1を加算し、gokeiにnumを足しています。numが引数で指定した数（＝変数var）と同じ値になった場合、EXITでLOOPを脱出しています。

4.2.2　WHILE LOOP文

繰り返しの中にいちいち条件分岐を書いていては冗長です。WHILE LOOP文ではLOOPの先頭で条件を判断し、条件を満たす限りLOOP文の処理を繰り返します。

リスト4.10: WHILE LOOPの構文

```
WHILE <条件式> LOOP
    <処理>
END LOOP;
```

リスト4.9をWHILE LOOP文に直したものがリスト4.11です。

リスト4.11: WHILE LOOP文の例

```
CREATE OR REPLACE FUNCTION func4_5(integer)
RETURNS integer AS $$
  DECLARE
    var ALIAS FOR $1;
    num integer := 0;
    gokei integer := 0;
  BEGIN
    -- numがvar未満の場合にLOOP内の処理を実行する
    WHILE num < var LOOP
      num = num + 1;
      gokei = gokei + num;
    END LOOP;
    RETURN gokei;
  END;
$$ LANGUAGE plpgsql;
```

4.2.3　整数FORループ

リスト4.9やリスト4.11では、繰り返しの数値の開始値と終了値が指定できます。そのような場合、この整数FORループが便利です。

リスト4.12: 整数FORループの構文

```
FOR ループカウンタ変数 IN [ REVERSE ] 開始値 .. 終了値 [ BY 繰り返し刻み ] LOOP
    <処理>
END LOOP;
```

通常変数はDECLAREの宣言部で宣言する必要がありますが、ループカウンタ変数は例外で、先に宣言する必要がありません。またループ内でのみ有効で、ループ外で参照・更新はできません。

リスト4.13: 整数FORループ文の例

```
CREATE OR REPLACE FUNCTION func4_6(integer)
RETURNS integer AS $$
  DECLARE
    var ALIAS FOR $1;
    gokei integer := 0;
  BEGIN
    FOR i IN 1 .. var LOOP
      gokei = gokei + i;
    END LOOP;
    RETURN gokei;
  END;
```

```
$$ LANGUAGE plpgsql;
```

ループカウンタ変数の「i」を宣言部で宣言していないにもかかわらず、LOOP内でgokeiに加算することができます。このループカウンタ変数は開始値から終了値(リスト4.13では、変数var)まで1ずつ増え、終了値以上になった場合にLOOPを終了します。

例えば増分値を変更したい場合は「**BY 2**」などと指定すれば、ループカウンタ変数は2ずつ増えていきます。

また、使用する機会は限られるかもしれませんが、**REVERSE**を指定すると、開始値から**BY**で指定した数値ずつ減り、終了値まで減ったらLOOPを終了するようになります。

リスト4.14: 整数FORループ文の例2（参考）

```
CREATE OR REPLACE FUNCTION func4_7(integer)
RETURNS SETOF integer AS $$
  DECLARE
    var ALIAS FOR $1;
    gokei integer := 0;
  BEGIN
    FOR i IN REVERSE var .. 1 BY 2 LOOP
      RETURN NEXT i;
    END LOOP;
    RETURN;
  END;
$$ LANGUAGE plpgsql;
```

リスト4.14は引数で指定した数から2ずつ減らしていった数を、全て返す関数です。少々難しい構文を使用しているため、ここでは参考として紹介します。

4.3 順序制御

PL/pgSQLは手続き型言語なので、基本的にソースの上から順に実行されます。しかし、場合によっては下の方に書いた処理を先に実行して、後から上の処理を行ったり、条件によって処理を飛ばしたりしなければならない場合もあるかもしれません。それを行うのが順序制御です。

先に登場したループを脱出するEXITも順序制御を行いますが、ここではCONTINUE文を説明します。

4.3.1 CONTINUEとラベル

繰り返し処理の中で、ある条件のときにはこの繰り返し処理をしたくないが、繰り返し自体は継続したいということがあります。そこで使用するのがCONTINUEです。

さっそく使用法を見てみましょう。リスト4.15は、1から引数に指定された整数までを標準出力に出力していく関数ですが、偶数の時には出力処理をスキップし、次のループに飛びます。

リスト4.15: CONTINUEの例

```
CREATE OR REPLACE FUNCTION func4_8(integer)
RETURNS void AS $$
  DECLARE
    var ALIAS FOR $1;
  BEGIN
    FOR i IN 1 .. var LOOP
      CONTINUE WHEN mod(i, 2) = 0;
      RAISE NOTICE '%', i;
    END LOOP;
    RETURN;
  END;
$$ LANGUAGE plpgsql;
```

　実際にリスト4.15を実行してみるとわかりますが、偶数の時には標準出力に表示されません。
　しかし、このような単体でのCONTINUE文は、IF文の条件分岐でも代替が可能です。何をしようとしているのかもわかりやすくなります。

リスト4.16: CONTINUEをIFで書き換えた例

```
CREATE OR REPLACE FUNCTION func4_9(integer)
RETURNS void AS $$
  DECLARE
    var ALIAS FOR $1;
  BEGIN
    FOR i IN 1 .. var LOOP
      IF mod(i, 2) != 0 THEN
        RAISE NOTICE '%', i;
      END IF;
    END LOOP;
    RETURN;
  END;
$$ LANGUAGE plpgsql;
```

　ではCONTINUE文は使わなくてもいいのか、ということですが、使い所があります。ラベルと組み合わせることで、実行順を制御することができるのです。
　「2.5.1 PL/pgSQLのブロック構造」で、PL/pgSQLを「ブロック構造言語」と書きましたが、ラベルとはそのブロックに名前をつけることだと思ってください。
　ラベルを使用したCONTINUEを2例見てみましょう。

リスト4.17: ラベルとCONTINUEの例1

```
CREATE OR REPLACE FUNCTION func4_10(integer)
RETURNS void AS $$
  DECLARE
    var ALIAS FOR $1;
  BEGIN
    <<outer_for>>   --  ←ラベル
    FOR i IN 1 .. var LOOP
      <<inner_for>>   --  ←ラベル
      FOR j IN 1 .. var LOOP
        CONTINUE inner_for WHEN mod(j, 2) = 0;
        RAISE NOTICE 'outer_for => %, inner_for => %', i, j;
      END LOOP;
    END LOOP;
    RETURN;
  END;
$$ LANGUAGE plpgsql;
```

リスト4.18: ラベルとCONTINUEの例2

```
CREATE OR REPLACE FUNCTION func4_11(integer)
RETURNS void AS $$
  DECLARE
    var ALIAS FOR $1;
  BEGIN
    <<outer_for>>   --  ←ラベル
    FOR i IN 1 .. var LOOP
      <<inner_for>>   --  ←ラベル
      FOR j IN 1 .. var LOOP
        CONTINUE outer_for WHEN mod(j, 2) = 0;
        RAISE NOTICE 'outer_for => %, inner_for => %', i, j;
      END LOOP;
    END LOOP;
    RETURN;
  END;
$$ LANGUAGE plpgsql;
```

リスト4.17とリスト4.18は、リスト4.15の繰り返しを二重にしたものです。つまり、引数で指定した数の2乗回ループして、標準出力に数字を表示します。外側のFOR文には「outer_for」、内側のFOR文には「inner_for」というラベルを付けています。

両者の違いは、CONTINUE文で指定したラベル名のみです。これがどのような挙動の違いになるのか、実際に動かしてみましょう。

まずはリスト4.17の実行結果です。

```
postgres=# select func4_10(5);
NOTICE: outer_for => 1, inner_for => 1
NOTICE: outer_for => 1, inner_for => 3
NOTICE: outer_for => 1, inner_for => 5
NOTICE: outer_for => 2, inner_for => 1
NOTICE: outer_for => 2, inner_for => 3
NOTICE: outer_for => 2, inner_for => 5
NOTICE: outer_for => 3, inner_for => 1
NOTICE: outer_for => 3, inner_for => 3
NOTICE: outer_for => 3, inner_for => 5
NOTICE: outer_for => 4, inner_for => 1
NOTICE: outer_for => 4, inner_for => 3
NOTICE: outer_for => 4, inner_for => 5
NOTICE: outer_for => 5, inner_for => 1
NOTICE: outer_for => 5, inner_for => 3
NOTICE: outer_for => 5, inner_for => 5
 ctl4_10
---------

(1 row)
```

次は、リスト4.18の実行結果です。

```
postgres=# select func4_11(5);
NOTICE: outer_for => 1, inner_for => 1
NOTICE: outer_for => 2, inner_for => 1
NOTICE: outer_for => 3, inner_for => 1
NOTICE: outer_for => 4, inner_for => 1
NOTICE: outer_for => 5, inner_for => 1
 ctl4_11
---------

(1 row)
```

かなり違いがはっきりしています。リスト4.17はouter_forは1〜5の全てが出力され、inner_forは奇数のみが出力されています。それに対し、リスト4.18は、outer_forは同様に1〜5の全てが出力されていますが、inner_forは1しか出力されていません。

これは、inner_forの値が2になり偶数となったときに、CONTINUE文がouter_forまで処理を飛ばしてくれているからです。

図4.1: CONTINUEによる順序制御イメージ

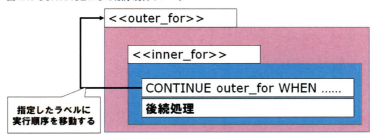

　このようにラベルと順序制御を組み合わせることで、上から下に処理を進めるだけではなく、複雑な動きをさせることができます。しかし、複雑ということは可読性を下げることにもつながります。順序制御は、大抵の場合IF文で代替できます。ラベルに飛ばす順序制御は、できるだけ乱用しないようにしましょう。

第5章 テーブルからデータを取り出す

　第4章「制御構造」で繰り返しの処理を説明しましたが、取り上げた例は実用には程遠いものでした。PL/pgSQLはPostgreSQL内で動くものですから、本来はデータベースと関連して考えなければなりません。本章では「カーソル」という機能と繰り返しを組み合わせて、データベースからデータを取得する方法を解説します。

5.1　SELECT INTO

　……と、カーソルの話をしましたが、その前にまずはSELECT INTOを説明します。

　カーソルもSELECT INTOもどちらもデータベースからデータを取得するものです。SELECTといえばSQL文の「SELECT」を思い出す人もいるかも知れませんが、そう、そのSELECTです。

　SELECT INTOは通常のSQLでは使用せず、PL/pgSQLでのみ使用するものです。SELECTした結果を変数に格納する場合に使用します。通常、結果が1レコードのSELECT文でしか使用できません[1]。

　ではせっかくですから、これまでのただの数字や文字ではなく、多少意味があるデータを使用してみましょう。

　たとえば表5.1のような、日本の都道府県の人口を格納したテーブルがあるとします。

表5.1: 都道府県の人口テーブル

code(char型、主キー)	name(text型)	jinko(numeric型)
13	東京都	13000000
14	神奈川県	9000000
27	大阪府	8000000
23	愛知県	7500000
11	埼玉県	7300000

　そこで、表5.1から都道府県コードを指定し、その都道府県の人口を取得する関数を作成します。

リスト5.1: SELECT INTO の例

```
CREATE OR REPLACE FUNCTION func5_1(char)
RETURNS numeric AS $$
  DECLARE
    var_code ALIAS FOR $1;
    var_jinko JINKO.jinko%TYPE;
```

---

[1] 複数レコードが取得できてもエラーとはならず、1行目のみ取得して残りは捨てられます。厳密に1行だけ（0件もエラー）とする方法もありますが、本書では省略します。

```
  BEGIN
    SELECT jinko INTO var_jinko FROM JINKO WHERE code = var_code;
    RETURN var_jinko;
  END;
$$ LANGUAGE plpgsql;
```

```
postgres=# -- 埼玉県の人口は？
postgres=# select func5_1('11');
 func5_1
---------
 7300000
(1 row)
```

リスト5.1では人口テーブルの主キーである都道府県コードが引数で指定され、そのコードで人口テーブルを検索して取得したjinko列を返しています。

SELECTした列をINTOで変数に格納する、というSQLに慣れた人には非常にわかりやすい構文です。変数がひとつしかないので、複数レコードが返ってきた場合には変数に格納できないことが理解できると思います。リスト5.1のように主キーを指定するような場合は必ず結果が1レコードになるので問題ありません。しかし、いつも結果がひとつとは限りませんし、複数レコードを処理したい場合もあります。

その時に使用するのが、これから説明する「カーソル」です。

5.2　カーソル

カーソルというのは、PL/pgSQL以外のプログラミング言語でも、データベースからデータを取得する際にはよく使われる用語・機能です。なんとなく「カーソル」というと、マウスで動かす矢印記号を思い出す人が多いのではないでしょうか。あれは「今どこを指しているか」を示すアイコンです。

そして、ここでいう「カーソル」というのも実はそれに近く、「データベースから取得した結果（レコードセットといいます）の何行目を指しているか」を表すのが「カーソル」です。

5.2.1　基本的なカーソルの使用方法

百聞は一見に如かず。まずはカーソルを使用したデータの取得方法を見てみましょう。

リスト5.2: カーソルの例

```
1: CREATE OR REPLACE FUNCTION func5_2()
2: RETURNS void AS $$
3:   DECLARE
4:     var_code char(2);
5:     var_name text;
```

```
 6:       jinko_cursor CURSOR FOR SELECT code, name FROM JINKO;
 7:    BEGIN
 8:      OPEN jinko_cursor;
 9:      LOOP
10:        FETCH jinko_cursor INTO var_code, var_name;
11:        IF NOT FOUND THEN
12:            EXIT;
13:        END IF;
14:        RAISE NOTICE '都道府県コード=%,都道府県名=%', var_code, var_name;
15:      END LOOP;
16:      CLOSE jinko_cursor;
17:      RETURN;
18:    END;
19: $$ LANGUAGE plpgsql;
```

リスト5.2は、先程の人口テーブルから全レコードの都道府県コードと都道府県名を取得し、RAISEで標準出力に出力する関数です。これを例に、カーソルを使用する基本的な手順を説明します。

１．カーソルの定義

6行目で、他の変数と同様に、DECLAREの宣言部でカーソルを宣言しています。FORの後に、どのようなSQLの結果をカーソルとして持つかを定義します。

２．カーソルのオープン

8行目で、カーソルをオープンしています。オープンすることではじめて定義したSQLが実行され、結果が返ります。

３．データの取り出し

10行目でFETCHを実行することで、結果を1行目から順に取り出していきます。1回FETCHするごとに、カーソルが複数行ある結果の中の何行目を指しているかが変わるイメージです。

定義したSQL文で取得している列と、FETCH INTOで結果を格納しようとしている変数の数と型を一致させることに注意してください。リスト5.2では、SELECT文でchar型とtext型の列を取得しようとしています。FETCH INTOで指定した変数の数はふたつ、そしてそれぞれchar型とtext型で定義しています。

最初から最後までデータを取り出すために、ループを使用します。前章で解説した繰り返しが、カーソルと組み合わせることが非常に多いのはこのためです。「カーソルは繰り返しとセットで使うもの」と覚えても問題ありません。

ループの「最後」となる条件はなんでしょうか？それはもちろん、これ以上取り出すレコードがなくなった場合、つまりカーソルが最後の行の次を指し示し、何も結果が見つからなかったときです。

FETCHした時に何もレコードが見つからなかった場合、「FOUND」という特殊な変数がfalseになります。これをIF文で参照し、falseだった場合はループを抜けるEXITを実行します。

４．カーソルのクローズ

16行目で、オープンしたカーソルは最後にクローズします。これは必須ではなく、トランザク

ションが終了すれば勝手にクローズされるのですが、明示的にクローズするのがプログラミングのマナーとして推奨されます。

5.2.2 条件付きカーソル

リスト5.2は単純に全レコードを取得するだけでした。次は条件を指定してSQLを実行する方法です。

リスト5.3: 条件付きカーソルの例

```
 1: CREATE OR REPLACE FUNCTION func5_3(numeric)
 2: RETURNS void AS $$
 3:   DECLARE
 4:     var_code char(2);
 5:     var_name text;
 6:     jinko_cursor CURSOR (key numeric) FOR SELECT code, name
 7:         FROM JINKO WHERE jinko >= key;
 8:   BEGIN
 9:     OPEN jinko_cursor (key := $1);
10:     LOOP
11:       FETCH jinko_cursor INTO var_code, var_name;
12:       IF NOT FOUND THEN
13:         EXIT;
14:       END IF;
15:       RAISE NOTICE '都道府県コード=%,都道府県名=%', var_code, var_name;
16:     END LOOP;
17:     CLOSE jinko_cursor;
18:     RETURN;
19:   END;
20: $$ LANGUAGE plpgsql;
```

リスト5.3では、指定した数以上の人口を持つ都道府県を取得します。まず1行目で、引数にnumeric型を指定しています。この関数を実行するときにはnumeric型の値を指定しなければなりません。

6行目ですが、リスト5.2のカーソル変数の宣言とどこが違うか、よく見比べてください。CURCORとカーソル型を指定した後、()で引数のようなものを指定しています。FORの後のSQLでは、WHERE句が追加され、()で指定した値がjinkoの条件になるようになっています。

そして8行目のカーソルのオープン時に、関数の引数をkeyとして渡しています。これが条件となり、SQLが実行されます。

その後のカーソルからの取り出しは、リスト5.2と同じです。

5.2.3 レコード型と組み合わせる

もうひとつ、記述方法を見てみましょう。「3.3 変数のデータ型」で紹介した変数の型に、「レコー

ド型」というものがありました。これはカーソルと同時に使用することで、その真価を発揮します。

例えばたくさんの列を一度に取得する場合、リスト5.2ではその分変数を宣言し、FETCH INTOで指定する必要があります。これでは見にくくなりますし、取得する列を追加したり削除すると変数まで定義し直す必要があり、保守性も悪くなります。

そこで使用するのがレコード型です。レコード型を使用した例を見てみましょう。

リスト5.4: レコード型の使用例

```
CREATE OR REPLACE FUNCTION func5_4()
RETURNS SETOF text AS $$
  DECLARE
    var_rec RECORD;
    jinko_cursor CURSOR FOR SELECT code, name FROM JINKO;
  BEGIN
    OPEN jinko_cursor;
    LOOP
        FETCH jinko_cursor INTO var_rec;
        IF NOT FOUND THEN
            EXIT;
        END IF;
        RAISE NOTICE '都道府県コード=%,都道府県名=%', var_rec.code, var_rec.name;
    END LOOP;
    CLOSE jinko_cursor;
    RETURN;
  END;
$$ LANGUAGE plpgsql;
```

レコード型変数の特徴は、値が代入されるまで内部の構造が決まらない点です。リスト5.4では、宣言部では「var_rec RECORD」としか記述せず、単にレコード型であることを定義しているだけです。内部の構造が決まるのは、FETCH INTOでカーソルで取得したデータを格納したときです。ループ内で値を取り出すときは、「レコード型変数名.列名」という形で取り出します。リスト5.4ではSELECT文でcode列とname列を取得していますから、「var_rec.code」と「var_rec.name」という記述になります。

レコード型変数を使用すれば、SQLを修正しても変数の定義を変更する必要はなく、修正の手間が少なくなります。

5.2.4　WHERE CURRENT OF

カーソルを使って、取り出した現在の行に対して結果を確認するだけではなく、更新や削除もしたい時があります。そのような場合、「**WHERE CURRENT OF**」という構文が使用できます。

先程の人口テーブルですが、表5.2のように誰かが操作を誤り、本来ならば埼玉県が入るべきところに「千葉県」が入れられてしまいました。

表5.2: 誤った都道府県の人口テーブル

code(char型、主キー)	name(text型)	jinko(numeric型)
13	東京都	13000000
14	神奈川県	9000000
27	大阪府	8000000
23	愛知県	7500000
11	千葉県	7300000

　千葉県の都道府県コードは「12」ですし、人口も約630万人で埼玉県とは100万人以上の差がありますから、これは明らかに誤りです。

　そこで、表5.2を読み取り、都道府県コードが「11」なのに都道府県名が「埼玉県」ではないレコードを修正する関数を作成します。

リスト5.5: WHERE CURRENT OF の使用例

```
 1: CREATE OR REPLACE FUNCTION func5_5()
 2: RETURNS void AS $$
 3:   DECLARE
 4:     var_rec RECORD;
 5:     jinko_cursor CURSOR FOR SELECT * FROM JINKO FOR UPDATE;
 6:   BEGIN
 7:     OPEN jinko_cursor;
 8:     LOOP
 9:       FETCH jinko_cursor INTO var_rec;
10:       IF NOT FOUND THEN
11:         EXIT;
12:       END IF;
13:
14:       -- 都道府県コードが「11」で、かつ都道府県名が「埼玉県」ではない場合
15:       IF var_rec.code = '11' AND NOT var_rec.name = '埼玉県' THEN
16:         UPDATE JINKO SET name = '埼玉県'
17:           WHERE CURRENT OF jinko_cursor;
18:         RAISE NOTICE '誤ったデータを埼玉県に修正しました。';
19:       END IF;
20:     END LOOP;
21:     CLOSE jinko_cursor;
22:     RETURN;
23:   END;
24: $$ LANGUAGE plpgsql;
```

　リスト5.5の5行目では、カーソルのSQL文に「FOR UPDATE」を指定しています。これはPL/pgSQL特有の機能ではなく、通常のSQLの機能です。これを指定することで、SELECT時にも行に排他

ロックをかけることができます。この後UPDATEをかけるため、ロックをかけることが望ましいでしょう。

16～17行目のUPDATE文に注目してください。WHERE句を指定していますが、どの列がどういう値であるかという条件ではなく、「CURRENT OF カーソル名」でカーソルの現在位置に対してUPDATEを実行しています。

この関数を実行すると次のようになります。

```
postgres=# select * from jinko;
 code | name    | jinko
------+---------+----------
   13 | 東京都  | 13000000
   14 | 神奈川県 | 9000000
   27 | 大阪府  | 8000000
   23 | 愛知県  | 7500000
   11 | 千葉県  | 7300000
(5 rows)

postgres=# select func5_5();
NOTICE:  誤ったデータを埼玉県に修正しました。
 func5_5
---------

(1 row)

postgres=# select * from jinko;
 code | name    | jinko
------+---------+----------
   13 | 東京都  | 13000000
   14 | 神奈川県 | 9000000
   27 | 大阪府  | 8000000
   23 | 愛知県  | 7500000
   11 | 埼玉県  | 7300000
(5 rows)
```

5.2.5 FORループの使用

カーソルを使用するたびに変数の宣言やオープン・クローズをするのは冗長です。実は、FOR文を使用することで、もっと記述量を減らすことができます。

リスト5.4をLOOP～WHILEではなく、FOR文で置き換えてみます。

リスト5.6: FORループの使用例

```
1: CREATE OR REPLACE FUNCTION func5_6()
2: RETURNS void AS $$
3:   DECLARE
4:     jinko_cursor CURSOR FOR SELECT code, name FROM JINKO;
```

```
 5:    BEGIN
 6:      FOR var_rec IN jinko_cursor LOOP
 7:        RAISE NOTICE '都道府県コード=%,都道府県名=%', var_rec.code, var_rec.name;
 8:      END LOOP;
 9:      RETURN;
10:    END;
11: $$ LANGUAGE plpgsql;
```

リスト5.6では、オープンとクローズがなくなりました。実は、FORの開始時に内部的にカーソルをオープンし、終了時に自動的にクローズしています。また、結果を全て取り出せば勝手にFOR文を抜けるため、EXITの条件判定もなくなっています。そして、RECORD型の変数の宣言もなくなり、FOR文で指定するのみとなっています。

リスト5.3のような、条件付きカーソルも同様の記述が可能です。

リスト5.7: FORループの使用例2

```
 1: CREATE OR REPLACE FUNCTION func5_7(numeric)
 2: RETURNS void AS $$
 3:   DECLARE
 4:     jinko_cursor CURSOR (key numeric) FOR SELECT code, name
 5:       FROM JINKO WHERE jinko >= key;
 6:   BEGIN
 7:     FOR var_rec IN jinko_cursor (key := $1) LOOP
 8:       RAISE NOTICE '都道府県コード=%,都道府県名=%', var_code, var_name;
 9:     END LOOP;
10:     RETURN;
11:   END;
12: $$ LANGUAGE plpgsql;
```

カーソルを使うことで、1行ずつのデータの取り出しと更新が可能になります。これで実際のテーブルからデータを取得し、より実践的なプログラムを作成することができます。

第6章 例外処理

例外とは、簡単に言うとエラーのことです。適切に例外処理を行わない場合、関数はエラーを吐いて終了してしまいます。

6.1 例外の発生

では、適当な例外を発生させてみましょう。第5章「テーブルからデータを取り出す」で使用したテーブルに列を追加して、表6.1を作成しました。これを操作して例外を発生させてみます。

表6.1: 都道府県の面積(平方km)テーブル

code(char型、主キー)	name(text型)	jinko(numeric型)	area(integer型)
13	東京都	13000000	2191
14	神奈川県	9000000	2416
27	大阪府	8000000	1905
23	愛知県	7500000	5172
11	埼玉県	7300000	3798
12	千葉県	6300000	0

リスト6.1: 例外発生

```
CREATE OR REPLACE FUNCTION func6_1()
RETURNS void AS $$
  DECLARE
    mitsudo numeric;
    menseki_cursor CURSOR FOR SELECT * FROM MENSEKI ORDER BY code;
  BEGIN
    FOR var_rec IN menseki_cursor LOOP
      mitsudo := ROUND(var_rec.jinko / var_rec.area, 2);
      RAISE NOTICE '都道府県名=%,人口密度=%', var_rec.name, mitsudo;
    END LOOP;
    RETURN;
  END;
$$ LANGUAGE plpgsql;
```

リスト6.1は面積テーブルからデータを都道府県コード順に取り出し、人口を面積で割って人口密度を標準出力に出力する関数です。しかし、データの誤りで千葉県の面積が0になっていました。このまま実行すると、次のようなエラーメッセージが表示されます。

```
postgres=# select func6_1();
NOTICE: 都道府県名=埼玉県,人口密度=1922.06
ERROR: division by zero
CONTEXT: PL/pgSQL function func6_1() line 7 at assignment
```

都道府県コード順に処理するので、一番コードが小さい埼玉県は実行されますが、次の千葉県の処理で0除算エラーが発生します。そして、それ以降のレコードは処理されません。

実際に運用して使用する場合、例外が発生してしまうことで全てが停止してしまうのは避ける必要があります。適切に例外を捕捉し、例外が発生した場合は例外が発生した時のための処理を行いましょう。

6.2 例外の捕捉

「2.5.1 PL/pgSQLのブロック構造」で、「EXCEPTIONからEND;までは例外処理部」という説明をしました。ここではより詳しく、例外処理部の記述方法を説明します。

まずは、実際にリスト6.1を修正し、例外を捕捉してみましょう。

リスト6.2: 例外の捕捉

```
 1: CREATE OR REPLACE FUNCTION func6_2()
 2: RETURNS void AS $$
 3:   DECLARE
 4:     mitsudo numeric;
 5:     menseki_cursor CURSOR FOR SELECT * FROM MENSEKI ORDER BY code;
 6:   BEGIN
 7:     FOR var_rec IN menseki_cursor LOOP
 8:       BEGIN -- 副ブロック開始
 9:         mitsudo := ROUND(var_rec.jinko / var_rec.area, 2);
10:         RAISE NOTICE '都道府県名=%,人口密度=%', var_rec.name, mitsudo;
11:       EXCEPTION
12:         WHEN division_by_zero THEN
13:           RAISE NOTICE '都道府県名「%」の処理中に0除算が行われました。', var_rec.name;
14:         WHEN others THEN
15:           RAISE NOTICE 'その他の例外が発生しました。';
16:       END; -- 副ブロック終了
17:     END LOOP;
18:     RETURN;
19:   END;
20: $$ LANGUAGE plpgsql;
```

リスト6.2では、リスト6.1にはないループ内の副ブロックが存在します。そして副ブロックには、「EXCEPTION」ブロックが存在します。「EXCEPTION」から「END;」までは例外処理部であり、「BEGIN」

から「EXCEPTION」の間で例外が発生した場合、即座に例外処理部に飛びます。例外が発生しなかった場合は例外処理部は実行されません。

リスト6.2を実行すると、9行目で例外が発生します。例外が発生した時点で例外処理部に飛び、「WHEN」が上から順に判定されます。9行目で発生する例外は0除算例外なので、12行目の「**division_by_zero**」で捕捉されます。例外を捕捉すると、該当するWHEN句の処理が実行されますので、リスト6.2ではRAISEでメッセージを出力しています。

これを実行すると次のようになります。

```
postgres=# select func6_2();
NOTICE:  都道府県名=埼玉県,人口密度=1922.06
NOTICE:  都道府県名「千葉県」の処理中に0除算が行われました。
NOTICE:  都道府県名=東京都,人口密度=5933.36
NOTICE:  都道府県名=神奈川県,人口密度=3725.17
NOTICE:  都道府県名=愛知県,人口密度=1450.12
NOTICE:  都道府県名=大阪府,人口密度=4199.48
 func6_2
---------

(1 row)
```

0除算例外が発生しても例外を捕捉し、例外が発生時の処理を行って関数の実行を止めずに最後まで実行できました。

また、きちんと副ブロックを作成して例外を発生の処理を行うことで、副ブロック外の処理に影響はありません。「2.5.2 副ブロック」で「例外発生時の影響を最小限に留めるのに使用」と書いたのはこのような例のことです。

6.3 例外の種類

先程の例では0除算例外を発生させ、捕捉には「division_by_zero」を指定しました。では、他の例外はないのかというと、そうではありません。PostgreSQLにはあらかじめ決められている例外が存在し、それらを指定することができます。一部を表6.2に紹介します[1]。

表6.2: 例外の例

条件名	意味
foreign_key_violation	外部キー制約違反
null_value_not_allowed	関数などを呼び出した際、NULL不許可の引数にNULLを渡した
no_data_found	FETCHしたがデータが取得できなかった

これらの例外が発生する可能性が予想できればいいのですが、予想できない例外が発生する場合もあります。そのような場合にも例外をできるだけ捕捉したい場合は、リスト6.2の14行目のよう

---

1. この他のPostgreSQLで定義されている例外はマニュアルを参照してください。https://www.postgresql.jp/document/9.6/html/errcodes-appendix.html

に、「**others**」を指定します。これにより、他に当てはまらないすべての例外を捕捉します[2,3]。

6.4 例外情報の取得

othersで例外を補足しても、それだけではどのような例外なのかはわかりません。より詳細な情報を取得するには、SQLSTATEとSQLERRMという特殊な変数を参照します。

6.4.1 SQLSTATE

SQLSTATEとは、PostgreSQLによって発行される全てのメッセージに割り当てられ、標準SQLにおける「SQLSTATE」コードの記述方法に従った5文字のコードのことです。

エラーが発生した際には、メッセージと同時にSQLSTATEという5文字のコードが発行されます。

othersで例外を補足したときに、このSQLSTATEを参照すれば、どういった例外かを調査することが可能になります。もちろん先程から例として挙げている0除算の例外も、SQLSTATEが割り当てられています。

リスト6.3: SQLSTATEの表示

```
CREATE OR REPLACE FUNCTION func6_3()
RETURNS void AS $$
  DECLARE
    mitsudo numeric;
    menseki_cursor CURSOR FOR SELECT * FROM MENSEKI ORDER BY code;
  BEGIN
    FOR var_rec IN menseki_cursor LOOP
      BEGIN -- 副ブロック開始
        mitsudo := ROUND(var_rec.jinko / var_rec.area, 2);
        RAISE NOTICE '都道府県名=%,人口密度=%', var_rec.name, mitsudo;
      EXCEPTION
        WHEN others THEN
          RAISE NOTICE '都道府県名「%」の処理中のエラー=%', var_rec.name, SQLSTATE;
      END; -- 副ブロック終了
    END LOOP;
    RETURN;
  END;
$$ LANGUAGE plpgsql;
```

SQLSTATEは、そのものズバリ「**SQLSTATE**」という特殊な変数の中に格納されています。この変数は定義部で宣言することはありません。例外処理部の中で参照することで、例外を発生させた

---

[2] WHEN句は上から順に判定されます。othersは一番下に記述しましょう。
[3] 実際には、QUERY_CANCELEDとASSERT_FAILUREをothersで捕捉することはできません。名前を指定することで捕捉は可能ですが、例外の意味を考慮すると、これらを捕捉するのは賢明ではありません。

ときのSQLSTATEを参照することができます。リスト6.3の実行結果を見てみると、0除算エラーに割り当てられたSQLSTATEは「22012」であることがわかります。

```
postgres=# select func6_3();
NOTICE:  都道府県名=埼玉県, 人口密度=1922.06
NOTICE:  都道府県名「千葉県」の処理中のエラー=22012
NOTICE:  都道府県名=東京都, 人口密度=5933.36
NOTICE:  都道府県名=神奈川県, 人口密度=3725.17
NOTICE:  都道府県名=愛知県, 人口密度=1450.12
NOTICE:  都道府県名=大阪府, 人口密度=4199.48
 func6_3
---------

(1 row)
```

6.4.2　SQLERRM

SQLSTATEは非常に重要な情報です。SQLSTATEから何が発生したかをマニュアル等から調査し、対策を講じることができます。しかし、人間的には意味不明な5文字の文字列に過ぎません。人が直感的に何が起こったかを理解できる情報はないのでしょうか。

SQLSTATEはメッセージに割り当てられたコードなので、当然メッセージを取得することができます。それが、「**SQLERRM**」です。

リスト6.4: SQLERRMの表示

```
CREATE OR REPLACE FUNCTION func6_4()
RETURNS void AS $$
  DECLARE
    mitsudo numeric;
    menseki_cursor CURSOR FOR SELECT * FROM MENSEKI ORDER BY code;
  BEGIN
    FOR var_rec IN menseki_cursor LOOP
      BEGIN -- 副ブロック開始
        mitsudo := ROUND(var_rec.jinko / var_rec.area, 2);
        RAISE NOTICE '都道府県名=%, 人口密度=%', var_rec.name, mitsudo;
      EXCEPTION
        WHEN others THEN
          RAISE NOTICE '都道府県名「%」の処理中にエラーが発生しました。', var_rec.name;
          RAISE NOTICE 'SQLSTATE=%, エラーメッセージ=%', SQLSTATE, SQLERRM;
      END; -- 副ブロック終了
    END LOOP;
    RETURN;
  END;
```

```
$$ LANGUAGE plpgsql;
```

SQLERRMもSQLSTATEと同様に、「**SQLERRM**」という特殊な変数に格納されています。使用方法もSQLSTATEと同様です。

```
postgres=# select func6_4();
NOTICE:  都道府県名=埼玉県,人口密度=1922.06
NOTICE:  都道府県名「千葉県」の処理中にエラーが発生しました。
NOTICE:  SQLSTATE=22012,エラーメッセージ=division by zero
NOTICE:  都道府県名=東京都,人口密度=5933.36
NOTICE:  都道府県名=神奈川県,人口密度=3725.17
NOTICE:  都道府県名=愛知県,人口密度=1450.12
NOTICE:  都道府県名=大阪府,人口密度=4199.48
 func6_4
---------

(1 row)
```

例外を捕捉した際には、原因究明のためにもできる限りの情報を取得するようにしましょう。

6.5 独自の例外？

OracleのPL/SQLを使用したことがある人は、ユーザー定義例外について知っているかもしれません。変数のように宣言部で例外を宣言し、例外処理部でOracleがデフォルトで持つ例外と同様に捕捉できるものです。

しかし残念ながら、PL/pgSQLではユーザー定義例外は存在しません。どうしても、もともと存在しない例外を発生させたい場合はどうすればよいでしょうか。

実は、今まで標準出力にメッセージを出力させるために使用してきたRAISE文と、SQLSTATE、SQLERRMを使って、擬似的に独自の例外を作成することができます。

ここまでの例では千葉県の面積が0のままでした。都道府県が存在するのに面積が0というのは明らかに異常です。面積を取得したときに0だった場合に例外を発生させる、PL/pgSQL関数を作成したいと思います。

リスト6.5: 面積が0の場合に例外を発生させる

```
CREATE OR REPLACE FUNCTION func6_5()
RETURNS void AS $$
  DECLARE
    mitsudo numeric;
    menseki_cursor CURSOR FOR SELECT * FROM MENSEKI ORDER BY code;
  BEGIN
    FOR var_rec IN menseki_cursor LOOP
      BEGIN -- 副ブロック開始
```

```
            IF var_rec.area = 0 THEN
                RAISE EXCEPTION SQLSTATE 'ZZZZZ' USING MESSAGE = var_rec.name || 'の面積
が0です。';
            END IF;
            mitsudo := ROUND(var_rec.jinko / var_rec.area, 2);
            RAISE NOTICE '都道府県名=%,人口密度=%', var_rec.name, mitsudo;
        EXCEPTION
            WHEN others THEN
                RAISE NOTICE 'SQLSTATE=%,エラーメッセージ=%', SQLSTATE, SQLERRM;
        END; -- 副ブロック終了
    END LOOP;
    RETURN;
  END;
$$ LANGUAGE plpgsql;
```

ではリスト6.5を実行してみましょう。

```
postgres=# select func6_5();
NOTICE:  都道府県名=埼玉県,人口密度=1922.06
NOTICE:  SQLSTATE=ZZZZZ,エラーメッセージ=千葉県の面積が0です。
NOTICE:  都道府県名=東京都,人口密度=5933.36
NOTICE:  都道府県名=神奈川県,人口密度=3725.17
NOTICE:  都道府県名=愛知県,人口密度=1450.12
NOTICE:  都道府県名=大阪府,人口密度=4199.48
 func6_5
---------

(1 row)
```

見事に、SQLSTATEが「ZZZZZ」というエラーが捕捉できました。

RAISEの本来の用途は、このように例外を呼び出し元に報告するものです。その際に、SQLSTATEやメッセージを自由に決めることができます。これにより、他の例外とSQLSTATEが重複しないようにすれば、擬似的に独自の例外を発生させることができます。

6.6　ロールバック

通常、PL/pgSQLで書かれた関数の中ではトランザクションの開始と終了はできません。そのため、コミットもロールバックもありません。しかし、例外が発生したときのみ状況が異なります。

PL/pgSQLでは、ブロック内で例外が発生した場合にそのブロック内の処理をアボートし、ロールバックします。

図6.1: 例外発生時の制御の動き

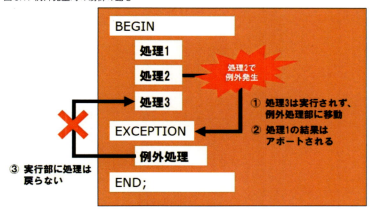

　これはOracleのPL/SQLと大きく異なる動きです。PL/SQLでは例外処理を行えばロールバックされず、例外処理が行われなければロールバックされます。

　これに対し、PL/pgSQLでは例外が発生すると必ずロールバックされ、ロールバックされないということがありません。副ブロックで例外を捕捉する場合など、どこからどこまでを副ブロックにするかを考える際に、この点に注意してください。

例外の注意点

　例外を捕捉するためにすべてのブロック、副ブロックにEXCEPTION句を使用してothersを指定すれば、とりあえずほとんどの例外を漏らさず捕捉できます。いざというときにも安全です。

　しかし、性能という観点から考えるとこれは誤りです。EXCEPTION句を含むブロックは、含まないブロックに比べて処理が非常に遅くなります。

　不安だからとか、何が起こるかわからないからという理由でむやみにEXCEPTION句を使用してはいけません。例外を起こさないようなプログラミングをして、どうしても必要なときにEXCEPTION句を使用しましょう。

付録A　ストアド・プロシージャ

本書で対象としていたPostgreSQLのバージョンは9.6でした。その次のメジャーバージョンアップであるPostgreSQL 10では、PL/pgSQLとストアド・ファンクションにはあまり変化はありませんでした。

しかし、2018年10月にリリースされたPostgreSQL 11では、ストアド・プロシージャが実装され、そのためにPL/pgSQLの機能も追加されました。本章は付録として、PostgreSQL 11で強化された点を紹介します。

A.1　ストアド・プロシージャの作り方

PostgreSQL 10までは、プロシージャではなくファンクションしかありませんでした。両者の違いを端的に表すと、「戻り値があるかないか」です。プロシージャには戻り値がなく、ファンクションには戻り値があります。

そのため、これまでPostgreSQLでプロシージャのようなものを実装するには、CREATE FUNCTIONでRETURNSをvoidで作成し、戻り値を返さないファンクションを作る必要がありました。

リストA.1: 戻り値がないファンクション
```
CREATE OR REPLACE FUNCTION func()
RETURNS void AS $$
  BEGIN
    RAISE NOTICE 'Hello PL/pgSQL';
    RETURN;
  END;
$$ LANGUAGE plpgsql;
```

リストA.1のような関数をストアド・プロシージャとして作成する場合、リストA.2のように記述します。

リストA.2: プロシージャの例
```
CREATE OR REPLACE PROCEDURE proc()
AS $$
  BEGIN
    RAISE NOTICE 'Hello PL/pgSQL';
  END;
$$ LANGUAGE plpgsql;
```

構文はCREATE FUNCTIONと非常に似ています。リストA.2では指定していませんが、引数もCREATE

FUNCTIONと同様の書き方で指定可能です[1]。

異なる点は、まずCREATE PROCEDUREであることです。また、そもそも戻り値が存在しないため、RETURNSは存在しません。関数本文中にRETURNも不要です。

それ以外は本書で扱ったCREATE FUNCTIONの構文と同じです。

PL/pgSQLに関して言えば、戻り値がないこと以外は基本的にPL/pgSQLの文法はそのまま使用できます。

A.2　CALL

ストアド・プロシージャの実行方法は、ファンクションとは大きく異なります。CREATE FUNCTIONで作成するユーザー定義関数は、あくまでもSQLの関数として作成されたものなので、呼び出すときはSELECTなどのSQLから呼び出す必要がありました。

しかし、プロシージャはSQLの関数ではありません。これも新しくPostgreSQL 11で追加された、CALLで実行します。

リストA.3: プロシージャの実行

```
CALL proc();
```

リストA.2を呼び出すための記述は、リストA.3だけです。

A.3　トランザクション管理

そして、トランザクション管理が可能になった点が、ストアド・プロシージャの大きな強化点です。

今までストアド・ファンクションではトランザクションの開始・終了ができませんでした[2]。しかし、ストアド・プロシージャではコミットもロールバックもできるようになりました[3]。

リストA.4: プロシージャ内でコミットする例

```
CREATE OR REPLACE PROCEDURE proc_trun(integer)
AS $$
  DECLARE
    max_num ALIAS FOR $1;
  BEGIN
    FOR i IN 1 .. max_num LOOP
      INSERT INTO test (num) VALUES (i);
      IF i % 100 = 0 THEN
        COMMIT; --100回に1回コミット
        RAISE NOTICE 'コミットしました';
      END IF;
```

---

1. ただし、戻り値はないため引数のモードに OUT を指定することはできません。しかし、INOUT は指定可能です。
2. SQL の関数という点から考えれば当然なのですが、Oracle からの移行という点では非常に不便でした。
3. ちなみに、無名コードブロックでもトランザクション制御は可能です。

```
      END LOOP;
      COMMIT;
   END;
$$ LANGUAGE plpgsql;
```

リストA.4では、引数として渡された数値の回数ループし、数字をテーブルにINSERTして、そのループの中で100回に1回だけコミットしています。これにより、101回目で何かしら問題が発生してエラーとなっても、100回目までのINSERTはコミットされている状態にできるようになりました。

なお、トランザクションの開始は明示的に宣言する必要はありません。CALLした時点で暗黙的にトランザクションが開始されていますし、コミットした時点で次のトランザクションが開始します。

当然ですが、プロシージャ本文はPL/pgSQLなので、他のユーザー定義関数を呼び出すこともできます。クライアントアプリケーションからはプロシージャだけを呼び、複雑な処理はプロシージャやファンクションに任せるといった使い方ができます。

A.3.1　トランザクション管理の制限

ただし、プロシージャはまだ実装されて歴史が浅い機能です。そのため次のような制限があります。

・BEGINコマンドでトランザクションを開始してからCALLした場合、COMMIT/ROLLBACKするとアボートしてしまう。

これは、PostgreSQLがまだサブトランザクションに完全に対応していないことが原因です。BEGINコマンドでトランザクションを明示的に開始し、その中でCALLしたプロシージャでCOMMIT/ROLLBACKを行うと、サブトランザクション内でトランザクションを終了させようとする扱いになり、エラーとなります。

・ファンクション内からCALLした場合、COMMIT/ROLLBACKするとアボートしてしまう。

ちょっと複雑ですが、トランザクションの制御は最上位のトランザクション、または他のコマンドを介在せずネストしたCALLでのみ可能です。

具体例がリストA.5です。

リストA.5: 可能なトランザクション制御

```
CREATE TABLE proc_test (num integer);

CREATE OR REPLACE PROCEDURE first_proc(integer)
AS $$
    DECLARE
        var_num ALIAS FOR $1;
    BEGIN
        CALL second_proc(var_num);
        COMMIT;
```

```
        RAISE NOTICE 'first_proc commited!!';
    END;
$$ LANGUAGE plpgsql;

CREATE OR REPLACE PROCEDURE second_proc(integer)
AS $$
    DECLARE
        var_num ALIAS FOR $1;
    BEGIN
        CALL third_proc(var_num);
        COMMIT;
        RAISE NOTICE 'second_proc commited!!';
    END;
$$ LANGUAGE plpgsql;

CREATE OR REPLACE PROCEDURE third_proc(integer)
AS $$
    DECLARE
        var_num ALIAS FOR $1;
    BEGIN
        insert into proc_test values (var_num);
        COMMIT;
        RAISE NOTICE 'third_proc commited!!';
    END;
$$ LANGUAGE plpgsql;
```

リストA.5では、first_proc→second_proc→third_procと順に呼び出し、third_procでproc_testテーブルにINSERTしたあと、third_proc→second_proc→first_procの順でCOMMITしています。これを実行すると、次のようになります。

```
postgres=# CALL first_proc(1);
NOTICE: third_proc commited!!
NOTICE: second_proc commited!!
NOTICE: first_proc commited!!
CALL
postgres=# select * from proc_test;
 num
-----
   1
(1 row)
```

3つのプロシージャが呼び出され、テーブルにレコードをINSERTしてコミットされていること

が確認できます。3つのプロシージャは「他のコマンドを介在せずネストしたCALL」なので、それぞれトランザクション管理が可能です。

しかし、他のコマンドを介在した場合はどのようになるでしょうか。first_procを、second_funcというファンクションを呼び出すように修正します。

リストA.6: エラーとなるトランザクション制御

```
CREATE OR REPLACE PROCEDURE first_proc(integer)
AS $$
    DECLARE
        var_num ALIAS FOR $1;
    BEGIN
        SELECT second_func(var_num);
        COMMIT;
        RAISE NOTICE 'first_proc commited!!';
    END;
$$ LANGUAGE plpgsql;

CREATE OR REPLACE FUNCTION second_func(integer)
RETURNS void AS $$
    DECLARE
        var_num ALIAS FOR $1;
    BEGIN
        CALL third_proc(var_num);
        RAISE NOTICE 'second_proc end!!';
        RETURN;
    END;
$$ LANGUAGE plpgsql;
```

同様に、first_procをCALLしてみます。

```
postgres=# CALL first_proc(1);
ERROR: 不正なトランザクション終了
CONTEXT: PL/pgSQL 関数 third_proc(integer) の6行目 - COMMIT
SQL文 "CALL third_proc(var_num)"
PL/pgSQL 関数 second_func(integer) の5行目 - CALL
SQL文 "SELECT second_func(var_num)"
PL/pgSQL 関数 first_proc(integer) の5行目 - SQL ステートメント
```

リストA.6の場合、second_funcというファンクションが途中で介在しているため、third_procでトランザクション制御を実行しようとすると、エラーとなってしまいます。

・例外ハンドラを持つブロック内でCOMMI/ROLLBACKすると、エラーとなる

これもサブトランザクションに起因します。

実際に試してみましょう。

リストA.7: 例外ハンドラを持つブロック内でCOMMIT

```
CREATE OR REPLACE PROCEDURE transaction_test()
AS $$
DECLARE
    r RECORD;
BEGIN
    BEGIN
        FOR r IN SELECT * FROM test2 ORDER BY x LOOP
            INSERT INTO test1 (a) VALUES (r.x);
            COMMIT;
        END LOOP;
    EXCEPTION
        WHEN others THEN
            RAISE NOTICE 'SQLSTATE=%,MESSAGE=%', SQLSTATE, SQLERRM;
            ROLLBACK;
    END;
END;
$$ LANGUAGE plpgsql;
```

リストA.7は、test2テーブルから1レコードずつtest1テーブルにINSERTし、毎回コミットする関数です。そのループをBEGIN〜EXCEPTIONで囲み、例外を捕捉してSQLSTATEとエラーメッセージを出力します。

実行結果は次のとおりです。

```
# call transaction_test();
NOTICE:  SQLSTATE=2D000,MESSAGE=サブトランザクションの実行中はコミットできません
CALL
```

例外ハンドラ内はサブトランザクションと扱われており、その中でトランザクションの終了ができないようです。ループ処理の中である単位でコミットし、何かエラーがあったら例外をキャッチしてエラー情報だけログに出力して処理自体は続行するというロジックはよくあるパターンですが、残念ながらできません。

このように、あまり自由自在にトランザクションが実行できるわけではありません。ですが、まだ難しい用途には使用せず、シンプルな用途に限れば非常に有用な機能だと思われます。

あとがき

　PL/pgSQLで関数を書くときに、オンラインマニュアルを読むよりも前にまず開いてみる本、を目標に執筆しましたが、いかがでしたでしょうか。本書の内容のご質問やご指摘、ご感想等随時受け付けておりますので、SNSやメール、ブログ等に書いていただけると筆者のモチベーションに繋がります。

　本書を執筆する際に改めてマニュアルを読み返しましたが、普段自分が書いている方法とは異なる記述方法や知らなかったが便利そうな機能があったりと、やはり一番の教科書はマニュアルなのだなと実感しました。

　ひとつひとつ丁寧に解説していくとマニュアル以上の分量となるため、本書では省略した部分もあります。そもそもマニュアルと説明の構成が異なっています。本書をお読みいただいた方は、ぜひ次にマニュアルを読んで、「この本ではこう書いているけど、こういう方法もあるんだな」とか、「この本には書かれていないが、まだまだこういう機能もあるのか」と、PL/pgSQLの奥深さを実感していただければと思います。

　最後に、この本が読者の方のPL/pgSQLへの興味、ひいてはPostgreSQLそのものへの興味につながり、PostgreSQLユーザーの増加に一役買うことができたのなら、一エンジニアとしてこれほど嬉しいことはありません。

著者紹介

目黒 聖（めぐろ たかし）

某都内SI勤務のエンジニア。もともと開発で必要だったためにDBを学び始めたはずなのに、いつのまにか開発から離れDBAに。趣味で居合をやりながら、PostgreSQLで面白いことができないか、日々考えています。
WEB:http://www.maguronomizo.net/
Twitter:@tameguro

◎本書スタッフ
アートディレクター/装丁：岡田章志＋GY
編集協力：飯嶋玲子
デジタル編集：栗原 翔

〈表紙イラスト〉
ウエノ ミオ
本業はフロントエンドエンジニアなイラストレーター。可愛い系のキャラクターイラストから漫画調のイラストまで雑食に描きます。イラストのご依頼等はサイトのフォームかTwitterのDMからご連絡ください。
Web: https://cre30r0ad.wixsite.com/mt-yoroduya
Twitter: https://twitter.com/mio_U_M

技術の泉シリーズ・刊行によせて
技術者の知見のアウトプットである技術同人誌は、急速に認知度を高めています。インプレスR&Dは国内最大級の即売会「技術書典」（https://techbookfest.org/）で頒布された技術同人誌を底本とした商業書籍を2016年より刊行し、これらを中心とした『技術書典シリーズ』を展開してきました。2019年4月、より幅広い技術同人誌を対象とし、最新の知見を発信するために『技術の泉シリーズ』へリニューアルしました。今後は「技術書典」をはじめとした各種即売会や、勉強会・LT会などで頒布された技術同人誌を底本とした商業書籍を刊行し、技術同人誌の普及と発展に貢献することを目指します。エンジニアの"知の結晶"である技術同人誌の世界に、より多くの方が触れていただくきっかけになれば幸いです。

株式会社インプレスR&D
技術の泉シリーズ　編集長　山城 敬

●お断り
掲載したURLは2019年1月1日現在のものです。サイトの都合で変更されることがあります。また、電子版ではURLにハイパーリンクを設定していますが、端末やビューアー、リンク先のファイルタイプによっては表示されないことがあります。あらかじめご了承ください。
●本書の内容についてのお問い合わせ先
株式会社インプレスR&D　メール窓口
np-info@impress.co.jp
件名に『本書名』問い合わせ係」と明記してお送りください。
電話やFAX、郵便でのご質問にはお答えできません。返信までには、しばらくお時間をいただく場合があります。
なお、本書の範囲を超えるご質問にはお答えしかねますので、あらかじめご了承ください。
また、本書の内容についてはNextPublishingオフィシャルWebサイトにて情報を公開しております。
https://nextpublishing.jp/

●落丁・乱丁本はお手数ですが、インプレスカスタマーセンターまでお送りください。送料弊社負担 てお取り替えさせていただきます。但し、古書店で購入されたものについてはお取り替えできません。
■読者の窓口
インプレスカスタマーセンター
〒 101-0051
東京都千代田区神田神保町一丁目 105 番地
TEL 03-6837-5016／FAX 03-6837-5023
info@impress.co.jp
●書店／販売店のご注文窓口
株式会社インプレス受注センター
TEL 048-449-8040／FAX 048-449-8041

技術の泉シリーズ
わたしとぼくのPL/pgSQL

2019年2月22日　初版発行Ver.1.0（PDF版）
2019年4月12日　　Ver.1.1

著　者　目黒 聖
編集人　山城 敬
発行人　井芹 昌信
発　行　株式会社インプレスR&D
　　　　〒101-0051
　　　　東京都千代田区神田神保町一丁目105番地
　　　　https://nextpublishing.jp/
発　売　株式会社インプレス
　　　　〒101-0051　東京都千代田区神田神保町一丁目105番地

●本書は著作権法上の保護を受けています。本書の一部あるいは全部について株式会社インプレスR＆Dから文書による許諾を得ずに、いかなる方法においても無断で複写、複製することは禁じられています。

©2019 Takashi Meguro. All rights reserved.
印刷・製本　京葉流通倉庫株式会社
Printed in Japan

ISBN978-4-8443-9827-1

●本書はNextPublishingメソッドによって発行されています。
NextPublishingメソッドは株式会社インプレスR&Dが開発した、電子書籍と印刷書籍を同時発行できるデジタルファースト型の新出版方式です。https://nextpublishing.jp/